ミズノ本

世界で愛される
〝日本的企業〟の秘密

村尾隆介

プロローグ1

松岡修造さんからのメッセージ「ミズノ修造発進！」

僕がミズノさんと、はじめてタッグを組ませていただいたときの広告のフレーズ。

ラケット、ウェア、シューズ、すべてのアイテムを、ミズノに僕は託すことにした。いちばんは、僕をより世界に近づける武器をつくりあげてくれると信じていたからだ。

そして、ウィンブルドンでのベスト8という結果が生まれることになった。

ラケットは100本近く試打をさせていただいたが、職人さんが僕のためにつくりあげてくれた武器は、当時世界一のテニスプレイヤーだったイワン・レンドルさんによるミズノさんのテレビコマーシャルのコピー、「I PLAY TO WIN!」そのもの。それは、まさに勝つための道具だった。

また、オリンピックをはじめ、ミズノさんはスポーツを通じて社会に貢献していた。これも僕がミズノさんと将来の道を共にしたいと思っていた、もうひとつの魅力だった。

松岡修造さん

今ではミズノのみなさんのおかげで、オリンピック関連のお仕事に携わらせていただけている。僕自身がスポーツの枠を超えた考え方・関わり方ができていることもみなさんのおかげで、心から感謝している。

そして、修造チャレンジへの大きなサポート。

「日本から世界的な男子テニス選手を育てたい！」と現役を退いたときから始めた男子ジュニア強化プロジェクトを、ミズノさんは20年以上もの長きにわたって、今もサポートしてくださっている。

ミズノさんの大きなサポートを得て、錦織圭選手をはじめ、僕の時代とは比べものにならないくらいの日本男子テニス選手が世界のトップで活躍している。

ちょっと前までのミズノさんのスローガンだった、「明日は、きっと、できる。」。

これからも、スポーツを通じて「できる！」という想いを、ミズノさんと共に叫び続けていきたい。

僕が灰になるまで〝ミズノ修造〟として邁進していきたい。

松岡修造

GOLF

1982 ロゴを「Mizuno Pro Staff」から「Mizuno Pro」に変更
「Mizuno Pro」で統一

1986 ロゴデザインを変更

1998 ロゴデザインを変更
筆記体から時代に即した“スマート”なイメージに

2001 「Mizuno Pro」から「MP」に変更

2009 「MP」ロゴのマイナーチェンジ

2017 「Mizuno Pro」の復活
野球のロゴデザインをゴルフに採用

BASEBALL

1989 野球での「Mizuno Pro」がスタート

1998 ゴルフに伴いロゴデザインを変更
※ゴルフより太文字に

2002 野球独自のロゴに変更
※現在に至る
MAJOR QUALITY

GRAND MONARCH SUPER

世界の憧れだったミズノのゴルフブランド

Hickory

ミズノのポロシャツ&アパレルのブランド

BLUE IMPULSE

かつてあったミズノのスキーブランド

MIZUNO CREATION

街着にも使えるようにつくったブランド

見分けられたら、もはやマニア！？　新旧ランバードマークの違い

新造形

旧造形

プロローグ2−1 ロゴで見るミズノ

ミズノのロゴの移り変わりです。「懐かしい！」という声や、「はじめて見た」という声、いろいろあると思います。最後の段は「見たことある」という方も多いでしょう。115年を超える歴史を、こうしてロゴで振りかえるのも面白いですね。漢字の謎は、また本書の中で。

かつて存在したミズノがテニスにフォーカスしたブランド。古くからテニスを愛する人たちからは「持ってた」「学生時代に使ってた」「憧れていた」なんて声も。懐かしの木のラケットはインテリアとしてもグッド。

旧ロゴ　新ロゴ

このロゴを見ると青春がよみがえる!? 1978年〜2009年まで展開していたミズノのライフスタイル系スポーツウェアブランドで、特に90年代前半に大人気に。惜しむファンの声が多い。

1973〜84年まで、世界大会で活躍するトップ選手のシューズがミズノだとわかるよう、このラインでブランディング。〈M-line〉は当時のミズノのシューズ全体のブランド名でもありました。復刻版が大人気。

1984年、惑星の軌道からヒントを得て、この有名なラインが誕生。ブランドとしての〈ランバード〉はシューズを中心に、このロゴタイプでウェア類も展開していましたが、現在は復刻版以外では見かけなくなりました。

取り扱いアイテム数

約29,000点

2020年実績

国内での取り扱い店舗数

ミズノ製品を取り扱っている店舗数、ネット含む

約5,600店

世界約

82カ国以上で販売

2021年5月31日現在

オリンピック出場
経験社員（夏季＋冬季） 2018年まで

25名

メダリスト
社員 2018年まで

7名

2021年3月期の売上

1,504億円

8位

2020年

ナイキ・アディダス・プーマ……に続く世界第8位のスポーツ用品メーカーといわれています

30％

の野球人がミズノユーザー

14/33

2020大会のオリンピック33競技中14競技（15団体）の日本代表を支えています

3球場

2021年シーズンプロ野球の本拠地球場でのミズノ製人工芝の球場数

プロローグ2−2 数字で見るミズノ

世界従業員数
全社員数

3,855名

2021年3月31日現在

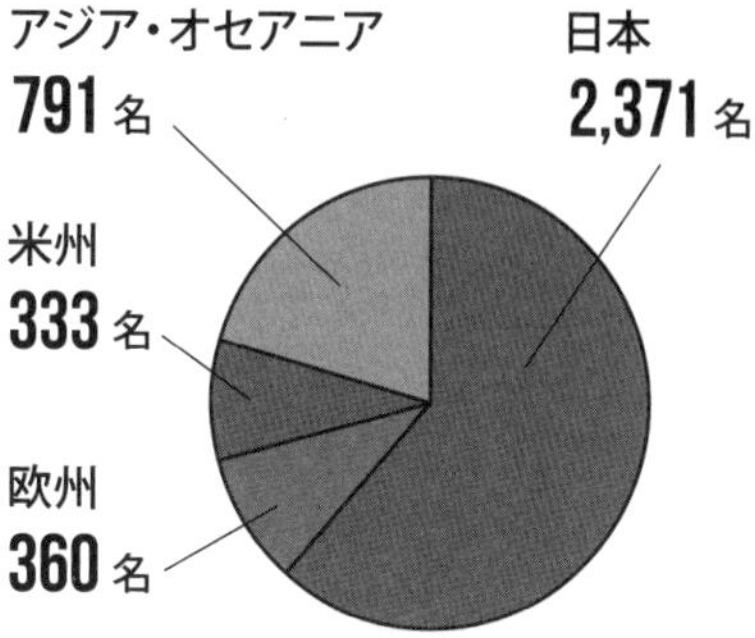

男女比（日本国内）ミズノ㈱正社員

女性
29%

男性
71%

国内・海外活動拠点

2021年6月30日現在

国内 本社・支社 **10**
子会社 **7**
直営店 **22**

海外 **19** 欧州 8
アジア・オセアニア 9
北米 2

従業員の業務内容分野構成比 ※ミズノ㈱正社員 1550人

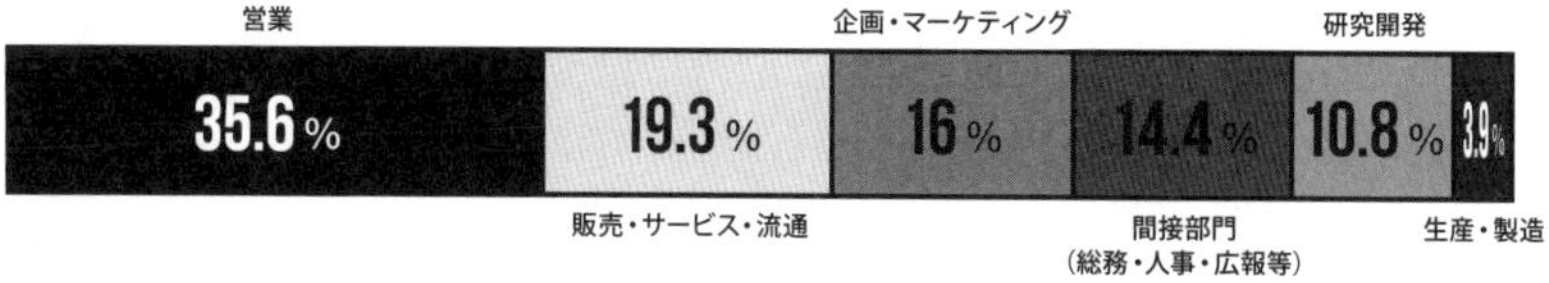

1906年

水野兄弟商会として創業

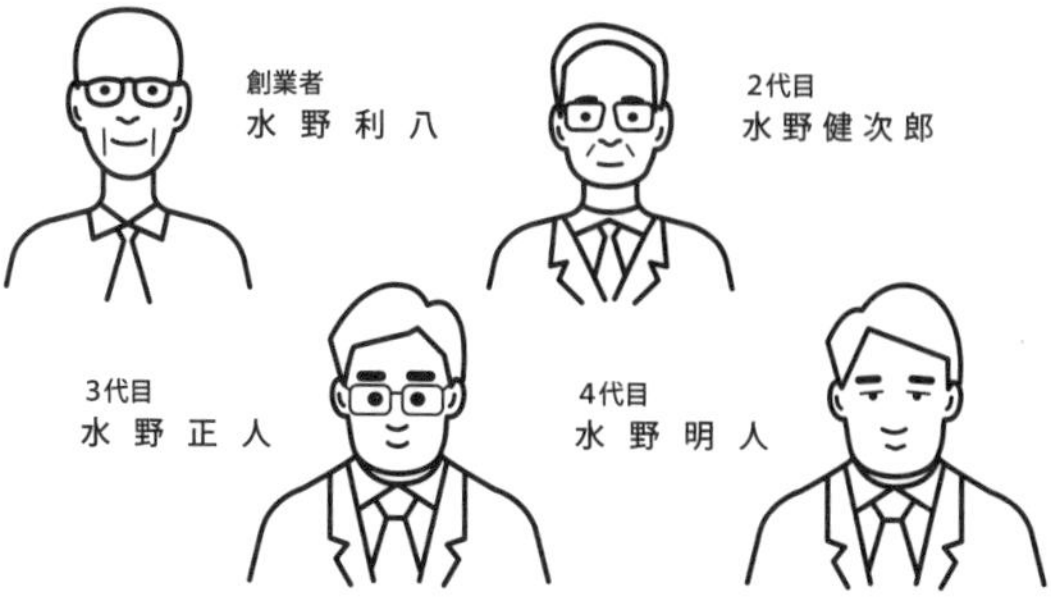

4名

歴代社長の数

Q　社員はみんなスポーツ経験者？運動経験がないと入社できないの？

A　入社時には問われませんが、レベルを問わず社員はスポーツ経験者が9割以上。社員向けの部活動もいっぱいあるので、今も身体を動かすことをみなエンジョイしています。

Q　ミズノの社長もスポーツ好き？水野明人社長のフェイバリットは？

A　スポーツ全般が大好きでテレビで何でもよく観ます。特にバスケ好きで会社のバスケ部に所属。ゴルファーでもあります。アメフトも好きでよく観戦します。

Q　プロ野球の試合を観ているとボールをすぐに交換していますが？

A　天候などによって変わりますが、1試合で平均7ダース程度使われます。使い終わったボールは、それぞれ様々な団体や場所、野球に関わる人たちの手に渡ってリユースされます。

Q　ミズノに就職・転職した場合、希望のスポーツや選手担当になれる？

A　年に1回、やりたい仕事の希望を出す機会があります。また年2回の上司との面談で、それを伝えるのも可。時間がかかっても経験を経て夢を叶える人は多いと思います。

プロローグ2－3 ミズノ社員へのFAQ

Q

スポンサードしているトップ選手たちは本社に挨拶に来たりしますか？

A

みなさんオフシーズンや帰国時に来てくださいます。担当者以外のスタッフも触れ合ったり、一緒に写真を撮ったりと、社員としても楽しく誇らしいひとときです。

Q

社員食堂もヘルシーというイメージがありますが……？

A

一般的な社員食堂で、たまにヘルシーメニューが出る程度です。低カロリー食も一時期ありましたが、それプラス小鉢のお惣菜を食べる社員が多く意味なし（笑）。

Q

トップ選手が使うシューズや用具は、その選手のためにつくるの？

A

たしかに以前は“その選手のため”だけの非売品でした。今は市販品をカスタムして、その選手のサイズや好みに合わせるという方法がスポーツ用品業界全体の傾向です。

Q

本田圭佑選手のスパイクの新色は、どうやって決まっていくの？

A

世界にあるミズノのデザインセンターがデザインを提案します。ＦＩＦＡサッカーＷ杯が近づいてくると、その開催国のイメージをスパイクの色に採用したりします。

プロローグ3

みんなが知っている「ミズノ」のあまり知られていないお話

おうちの中を探してみてください。

日本のご家庭なら、ひとつふたつ、ミズノの何かがきっと見つかるでしょう。

今は持っていなくても、以前部活やゴルフでミズノ製品を買った記憶があるという方もいるのではないでしょうか。

最近だとスポーツをしない人、しばらく離れている人からも、「マスクで久々にミズノ製品を買った」という声を聞きますし、「そういえばソックスがミズノだ」という方も多いです。

記念日に親へミズノのウォーキングシューズを贈る、働き盛りの世代もいます。

テレビをつければ世界で活躍する日本人フィギュアスケーターたちが得点を待つ姿と共に、ミズノのマークが目に入ってきます。

「こんなに身近に存在しているブランドなのに、ミズノという会社や、その仕事については、あまり知られていないのでは？」

僕がペンを執った理由のひとつは、そんな自問からでした。

世界のアスリートたちを支えるこの日本のブランドを、僕は「もっと誇りたい」と思っています。どの国のマラソン大会に行ってもミズノを履いて走っている市民ランナーがいるという広がりを見て刺激され、「帰国したら、もっと自分も仕事をがんばろう」というモチベーションの源になったことは、過去に一度や二度ではありません。

アスリートたちのパフォーマンスに誰もが勇気をもらえるように、僕はミズノのお仕事やトリビアにも「日本に勇気を与えるパワーがある」と、ずっと周囲にいい続けてきました。ミズノの社員のみなさんにもいい続けてきました（笑）。

例として、この本で紹介している「ミズノの素顔」を一部挙げてみましょう。

トヨタ自動車は水素で走る自動車（燃料電池車＝ＦＣＶ）をつくっていますが、その技術を支える重要な部品の素材は、なんとミズノ製です。

ベトナムの小学校では今、体育の授業でミズノが開発した教育プログラムを実践しています。日本の文化ともいえる高校野球大会を始めたのも、実業団野球大会を始めたのも、実はミズノなんです。

日本にサッカーのプロリーグ（Ｊリーグ）が発足したとき、はじめに参加した全10クラブにユニフォームを提供したのもミズノ。とてつもなく飛躍した今日の日本のサッカーに、ミズノの貢献は小さくないのです。

マイナースポーツといったら語弊があるかもしれませんが、どの競技にもまんべんなく手を差し伸べるミズノの姿勢も、僕は大好きです。日本のスポーツ振興のために、創業者の水野利八氏の遺志により、1970年に設立された財団を通じて年間1億7000万円もの寄付を続けています。

たくさんのミズノ社員や社長のインタビューを経て書いた本書。

スポーツ用品オタクかつミズノ最大級のファンである僕でも今回はじめて知ったトリビアを、随所に散りばめました。

この本はビジネス書ではありませんが、仕事をがんばる世代や経営者の方々は、「ミズノ」という会社から、ビジネス面でもインスピレーションを得ることができるでしょう。日本の会社のいいところが凝縮されたミズノの働き方や考え方に、あらためて「これでいいんだ」という答えを見つけてもらえたら、著者としてとてもうれしく思います。

ミズノのファウンダー・水野利八氏の情熱と哲学、サイエンスの力で会社を発展させた2代目社長・水野健次郎氏の偉大な仕事も紹介していきます。

野球が大好きな人、サッカーが大好きな人、オリンピック・パラリンピックが大好きな人、スポーツを観るのが大好きな人。教育関係者の方や、ミズノと取引のある会社さんや団体・自治体、そして日本の底力を信じるみんなに手に取っていただきたい。

この本が「ミズノ」という会社について、角度を変えてあらためて知る機会になったらうれしいです。

これは、僕がミズノと長年仕事で関わらせていただいてきた感謝のしるしでもあります。その関係の始まりであり、今もいちばん太い接点である、ミズノの北野喜久さんに心からの「ありがとう」を——。

村尾隆介

2021年夏

contents

PART 2

ミズノが〝まち〟をマルっとプロデュース

特別対談

水野明人（ミズノ 代表取締役社長）×村尾隆介

PART 5

野球人の3割はミズノユーザー

PART
6 ミズノがなければ人生が寂しくなる

PART
7 競技人口にかかわらずスポーツを支える

PART

1

イチローは草野球でもミズノを使う

お付き合いを始めたら
ずっと友だち

ミズノのことをもっと知ってほしい。そう考えている僕が、はじめの章で書きたいこと——それは「ミズノは長い友だち」ということ。「長いお付き合い」はミズノを語る上で欠かせない大切なキーワードです。

それは契約アスリートに対しても、そうです。取引先にも、そう。僕も含めた外部のパートナーにも、このキーワードは当てはまります。

ミズノは東証一部に上場する企業ですから、もちろん営利を追求します。投資を行えば、しっかりと回収を目指します。

「でも、それだけではミズノらしくない」——ミズノで働く人の多くは、そう思っているように感じます。これは社員と社長のインタビューを通じて共通して強烈に感じたことでした。

ちなみに、ミズノ製品のユーザー（お客さま）も、ミズノとは長い付き合いをする方が多いようです。

コストパフォーマンスのよさから全国の部活生にも人気のミズノ。部活を引退したらしばらくはミズノを離れて、より見た目がクールに映る他のスポーツ用品ブランドを手にする人も少なくないといいます。

「でも、初老になったりウォーキングシューズが必要な頃に、またミズノに戻ってきてくれる方は多いんです」とある社員が苦笑いし、僕も「それじゃあ、間の世代がユーザーとして抜けちゃっているじゃないですか!?」とツッコミを入れたことが、過去の会話の中であります。

近年ミズノはデザイン性の高い街履きスニーカーを出したり、他ブランドとのコラボレーションも増えているので、今後はそういった層も、きっとミズノに惹かれることが増えるのではないかと思っています。

いずれにせよ、第1章……ここではミズノと仲間の長い関係に関するエピソードを紹介していきます。

▼復帰の池江璃花子選手に社長自らインタビュー

両手に収まらないほどの種目数で日本記録を持つ天才スイマー・池江璃花子選手が、1年ちょっと先に迫っていた自国開催のオリンピックで大活躍する姿……これは日本人なら誰もが容易に当時思い描くことができました。

しかし、何という運命でしょう。2019年2月、彼女が白血病と診断されます。日本中が自分事のように捉え、社会全体が悲しみに暮れたのは、記憶に新しいと思います。

「私は絶対にプールに戻る」

しばらく治療に専念していた後、はじめて公の場に姿を現したのは2020年1月のこと。ミズノの新商品を取引先に披露する定例の展示会の場でした。

ミズノの社内でも退院したばかりの池江選手を心配し、「ここは遠慮してもらったほうが……」という声があったといいます。

でも、行きたいと、池江選手。展示会場にいたミズノ社長・水野明人さんが池江選手にインタビューをするというスタイルの短いトークショーが急きょ設定されました。

池江選手は、ミズノがこのような場をつくってくれたことへの心からの感謝の気持ちを口にしました。

その姿を見ていたミズノの社員たちは、彼女の心の強さと優しさに涙をぬぐわずにはいられませんでした。

そして、その涙に気づいた池江選手。それまで気丈に振る舞っていましたが、今度は彼女の目からも涙が溢れ、止まらなくなります。インタビュワーだった明人社長も、優しい眼差しで見守るしかありませんでした。

それは池江選手とミズノの絆が見えた、美しいひとときでした。

闘病中、明人社長をはじめ、池江選手の担当者は何度もお見舞いに行っています。

ただ、それは単なるお見舞いではありません。ミズノとアンバサダー契約を15歳のときから結んでいる池江選手は、自身の想いをつめ込んだ〈Ｒｉコレクション〉という名の水着ラインを展開していますが、入院中でもそのデザインの打ち合わせを行うなど、闘病中もミズノのお仕事を続けています。

また、これも絆の表れなのでしょう、池江選手はミズノ社員のお見舞いには、ありのままの姿で応じたといいます。

そして、何よりミズノの担当者に、池江選手はウェブサイトにある自身の情報も、この商品ラインも「消さないで」とお願いをしたそうです。

「病に勝って、絶対にかつていた場所に戻るから。だから、消さないで」――、そして実際に自身の足で立ちカムバックを果たしたのが、先ほどのインタビューの場。

あの涙の裏には語り尽くせぬドラマや、積み重ねてきたものがあったのです。

2021年4月、東京オリンピックの予選を兼ねた競泳の日本選手権。あくまで2024年にパリで開催されるオリンピックに向けてのステップだったはずの池江選手でしたが、泳ぐたびに力を取り戻し、応援する人たちの気持ちを一身に受け止めて力に変えて進んでいるように見えました。

池江選手のがんばりを応援しない人なんて、この日本にひとりもいないと思います。

そして、その応援席の最前列には、いつだってミズノがいます。

▼ミズノの本名は〈美津濃〉――社名の移り変わり

「友人を長く大事にする」は、ミズノらしさのひとつ。僕も長く仲よくさせていただいている

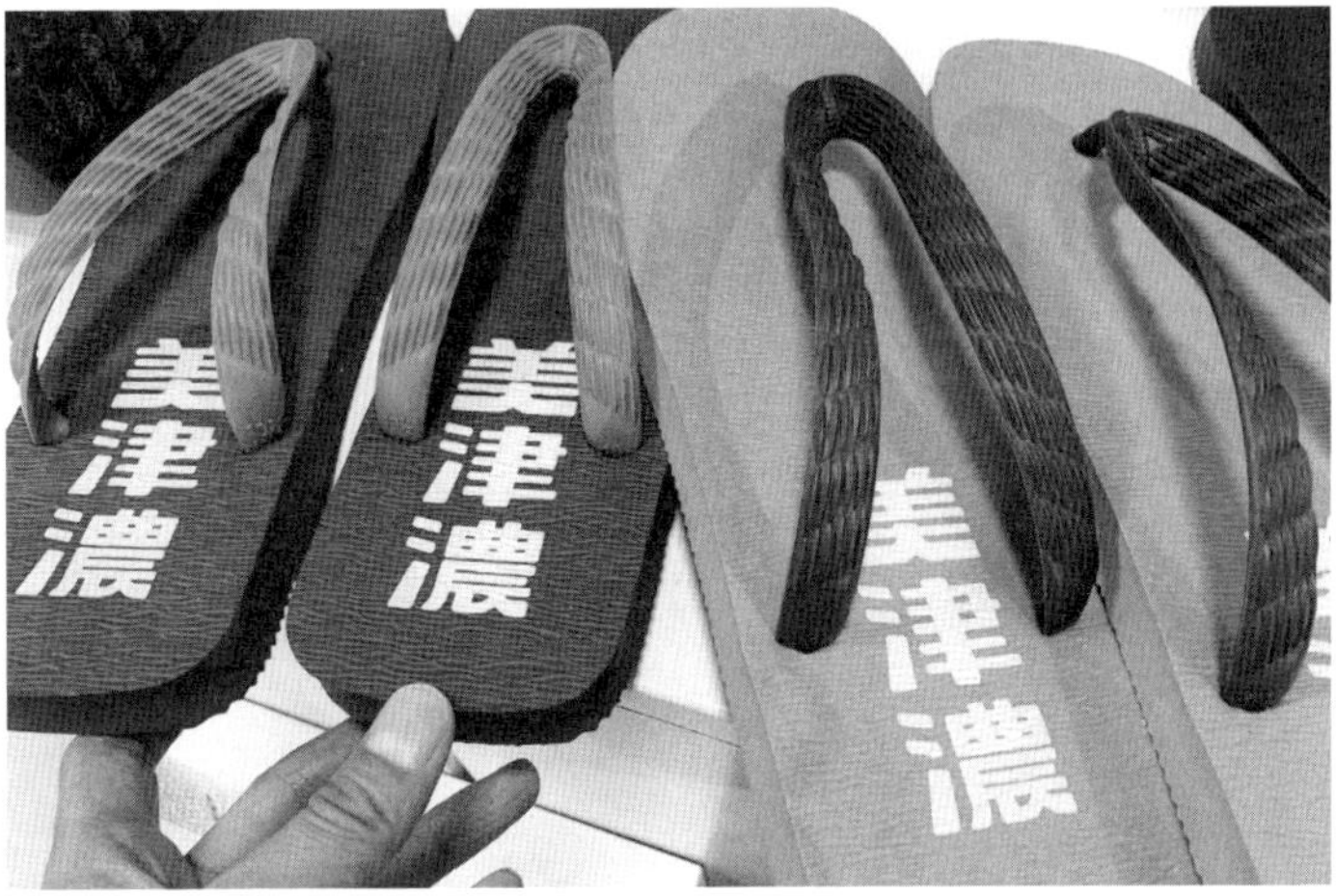

ビーチサンダルブランド〈九十九〉とのコラボ商品には漢字をプリント

ので、ここからは親しみも込め、また社風の表現も兼ね、創業者や歴代社長、また社員の方々を本書の中では〝さん〟で呼ばせていただきたいと思います。

ところで、ミズノの社名ですが、それは「ミズノ株式会社」ではありません。カタカナの「ミズノ」は、1982年に会社として決めたテキスト上での表記であり、登記上の正式名称は〈美津濃株式会社（読み同じ）〉です。こうした例は「麒麟麦酒」などにも見られます。

ミズノの創業は1906年（明治39年）。創業者は水野利八さん、現社長・水野明人さんのおじいさまに当たります。水野利八さんが、弟の利三さんとともに「水野兄弟商会」を開業したのがミズノの起源です。創業時は「ミズノ」

でも「美津濃」でもなかったのですが、はじめから屋号の読みは「みずの」だったのですね。まだ会社組織ではなく、個人商店でした。そして、水野利八さんは、その頃はまだ出生名である「仁吉（にきち）」と名乗っていました。

戦争と入院と野球談議がミズノの始まり

水野仁吉さん（のちの利八さん）は、１８８４年、現在の岐阜県大垣市に生まれます。仁吉さんのお父さまは建築業を営む大家でしたが、１８９１年10月、仁吉さんが7歳のときに濃尾大震災の被害に遭い、家が倒壊してしまいます。

お父さまは復興のため働きに働き、過労から病に倒れ、仁吉さんが9歳になる直前に亡くなってしまいました。

仁吉さんは、今後しっかり水野家を背負っていくためにも、若くして下積みのために家を出ます。いわゆる「奉公」です。12歳のときに大阪のくすり問屋へ、その後16歳のときには京都の織物問屋へ奉公に出ました。

この京都時代に仁吉さんの商才が開花。その織物問屋の番頭に17歳で昇進します。さらには

左から幼少期の水野利八さん(仁吉さん)〜晩年まで。野球姿が凛々しい

独学で簿記を身につけ、経営陣の一員として活躍していたそうです。

そしてとき同じ頃、はじめて三高(旧制第三高等学校=のちの京都大学)の学生たちが野球をやるのを目にして、これにかなりハマったようです。その野球観戦の経験が、その後の仁吉さんの人生を決め、今日の〝野球のミズノ〟につながっているのですから——。

が、ここから世は日露戦争へ向かって不景気に。その織物問屋も経営危機に陥ります。いったんは、これで仁吉さんの岐阜の実家、つまりは水野家に戻りますが、その日露戦争がいよいよ開戦し、今度は兵士として家を出ます。ところが、戦争で朝鮮に遠征したところで病に倒れ、日本に戻って陸軍病院へ入院。この入院生活は

5カ月にも及ぶものだったのですが、この時間を利用して商売に関する本を読みまくり、当時の近代的なビジネス戦略をマスターする機会に変えたようです。また、その朝鮮遠征中に戦友と交わした野球談議も面白く忘れがたいものだったらしく、この2つの経験を元に仁吉さんは独立開業を決意。野球用具やスポーツウェアを販売する店にしようというビジネスアイデア、野球を一生の仕事にしようというキャリアプランは、こうして決まっていったのです。

そして、1906年、弟の利三さんと共にミズノの前身である水野兄弟商会というベンチャー企業を起ちあげます。

▼一流じゃない頃から〝一流〟のように組織づくり

仁吉さんが21歳で起こしたスタートアップ（お店）の場所は、現在の大阪市北区芝田、北野高校（当時は北野中学）のすぐ近くでした。

店といっても寝泊まりする活動拠点を間借りしただけのことで、路面店ではありません。弟の利三さんと兄弟で商品を載せた荷車を引いて、大阪を売り歩くワゴン販売・訪問販売のスタイルでした。

このたった2人きりの小さな商店は、当時かなり風変わりでした。あれやこれやと厳密なルールを定め、仕入課・販売課・庶務課・商況課といった部署（あくまでも働いているのは2人だけです）を配置した組織だったのです。その商況課ではコンサル会社が発行するような、今でいう〝市場予測レポート〟を書いたりしていたそうです。

余談ですが、スポーツ用品でいえばドイツ発のグローバルブランドである〈プーマ〉と〈アディダス〉も兄弟によるものです。前者は兄のルドルフ・ダスラーによって、後者は弟のアドルフ・ダスラーによって創業され、もともとは一緒に事業を行っていたのですが、この2つのブランドはその後に勃発した兄弟喧嘩から始まりました。

でも、この水野兄弟商会が2人きりだったのはほんの少しの間だけのこと。靴下やハンカチ、学生向けの洋品雑貨や野球のボールを販売した水野兄弟商会のビジネスは順調に成長。道を隔てたところにあった空き家を買い取り、架空だった部署にリアルに人を雇い入れることになったからです。

▼「美濃＋津」――家業から企業へのターニングポイント

1907年、水野兄弟商会は、「オーダーメイドの運動服装」の販売を開始し、これがヒットします。スポーツが急激に人々の暮らしの中に普及し始めたタイミングに当たります。まだまだ和装が一般的だった時代、スポーツウェアはかなりクールなものだったのです。

1910年、大阪の梅田新道に店を移転するとともに、店の名前を「美津濃商店」に変更しました。そして、仁吉さん自身も、お父さまの名であった利八を受け継ぎます。襲名です。これがミズノのファウンダー・水野利八の誕生の瞬間。また、30ページで記した「今後しっかり水野家を背負っていく……」を成し遂げたと思ったタイミングだったのかもしれません。

社名を「水野」ではなく「美津濃」にしたことについて利八さんは、「将来、店が発展したとき、子孫以外の人材に立派な才能を持った人ができることも考えてますんや。私の出身が、美濃の大垣やいうことも絡ませてますけど……」と述べています。

「水野」から「美津濃」へ。家業から今日のようなグローバル企業にまで変貌を遂げたのも、この決断の影響は少なくないと思います。

ちなみに、「今でも才能さえあれば後継者は水野家以外から出てもいいと思いますか？」の問いに、現社長の水野明人さんは「実力がある人が出てきたら、それはもちろん。ファミリービジネスではないので（笑）」と答えてくださいました。

なお、「津」には船着き場という意味があります。水野兄弟の出身地である大垣は河川がたくさん通り、船が行き交う重要なポイント。父の建築業もここに集積される材木によって成り立つものでした。「津」は、まさに大垣を表現した文字。店に人が集まる賑やかなイメージを重ね合わせたものだと思われます。

１９２３年、個人商店から株式会社に組織を改編し、社名を〈美津濃運動用品株式会社〉としました。さらに現行の〈美津濃株式会社〉に変更したのは１９４２年です。

１１５年を超えたミズノの会社の歴史で、２代目社長は利八さんの次男である健次郎さん、3代目は健次郎さんの長男である正人さん、４代目（現職）は正人さんの弟である明人さんというように、今までのところは利八さんの子孫が立派に継いでいます。

製造工場に貼られた「㋓」と、社員に以前配布された冊子の中の「㋓」

▼工場に貼られた「㋓」の秘密

ミズノには国内外に生産拠点がたくさんあります。その代表的なものが岐阜県養老町にある養老工場です。現在はミズノテクニクス（実際の社名）と呼ばれる場所ですが、「養老工場」でも通じます。そこに取材のために訪れたときのことでした。あちこちに変わった掲示物があることに気がつきました。

それは、ただ1文字だけの「え」。その1文字が○で囲んであります。

これは一体……？　その答えは創業者・水野利八さんにありました。

利八さんはミズノが成功するためには、品質のいい製品をつくり、お客さまに信用してもらうことが大切だと考え、材料を仕入れる人にも、型紙のデザインをする人にも、縫製を担当する人にも、口を酸っぱくして「ええもんつくんなはれや」と声をかけてまわっていたそうです。

利八さんが亡くなった後も、その口癖を忘れることなく、常に最高の品質を求めるために「ええもんつくんなはれや」の頭文字、「㋛」を全国にあるミズノの工場のいたるところに掲示しています。

ちなみに国外にも製造拠点があるミズノですが、海外工場ではどうなんでしょう？　ある社員は、「少なくとも上海の工場にはありますね」と教えてくれました。

▼本田圭佑選手の「ブレ球」と「ブレないミズノ」

創業115年を超えるミズノに対して、尊敬の念を持っているアスリートがたくさんいます。サッカー界のカリスマ・本田圭佑選手もそのひとりです。

ご存知のように、スポーツ用品業界ではスーパースターに自社製品を使ってもらうことで大きな宣伝効果を得ることができます。

そこにコトバは必要なく、素晴らしいパフォーマンスで魅了する選手が、どのブランドのギアを使っているか、その事実が重要。そして、これは写真や映像を通じて世界のスポーツ愛好家やキッズに伝わります。

ミズノを身につけグローバルに活躍する日本人アスリートの中でも、強い影響力を持っているのが本田選手です。

オランダ、ロシア、イタリア、メキシコ、オーストラリア、ブラジル、アゼルバイジャンと世界のリーグを渡り歩き、それぞれの国でセンセーショナルなゴールを生んでいます。

日本代表としてもＦＩＦＡワールドカップに3大会連続出場していますが、特に本田選手のミズノのスパイクが注目を浴びたのは、２０１０年の南アフリカ大会のデンマーク戦だったと記憶しています。

約30メートルのフリーキックをものの見事に決めたシーン。マンガのような無回転ボールがゴールに吸い込まれました。

回転しないボールはキーパーが軌道を予測できない「ブレ球」となるのですが、これは本田選手の代名詞。サッカー少年たちがこぞって真似るテクニックです。そして、そこはスパイクも真似したい！　ゴール後には本田選手のみならず、無回転のボールを蹴ったサッカーシューズ〈ウエーブイグニタス〉にも取材が殺到。メディア露出も手伝って、在庫はアッという間になくなりました。

ちなみに「無回転」は、ワールドカップ南アフリカ大会をきっかけにミズノが生んだキーワードですが、この数年後には次のＦＩＦＡワールドカップ（ブラジル大会）に向けての予選を戦った本田選手。そこでは再びミズノのスパイクと共に、今度は「縦回転」という新語を誕生させ、サッカーファンを熱狂させていました。

本田選手といえばプロフットボーラーの他にも２００７年に設立した〈HONDA ESTILO〉をはじめとした企業グループを率い、国内外約80のサッカースクールの経営、教育コンテンツの提供、サッカーの育成世代向けのＩＴ機器の提供など、幅広く活動をしています。

また〈KSK Angel Fund〉といったファンドを運営する投資家でもあります。

現在、ミズノで本田選手を担当している日高昇さんによると、本田選手は「老舗企業」であるミズノという会社そのものに興味があるようで、スパイクなどの打ち合わせ時にミズノの現状・売上・利益などについて尋ねられることもあるのだとか。

▼本田圭佑選手も認めるミズノの「継続力」

「ミズノ＝ダサい」というイメージを持たれている方もいると思います。実際、その声を僕も耳にします。でも、そのデザインは性能を追求した機能美であると僕は思うし、それは本田選手を含めたトップアスリートたちも一緒。実際、日高さんがウェアを本田選手に持っていくと、ミズノへのリスペクトを込めて「これをずっと続けているからミズノはすごいんですよ」といってもらえるそうです。

「新作ウェアをお持ちして写真撮影をするとき、特段それがデザイン性の高いものじゃなくても、本田選手が着た瞬間、メチャメチャ格好よくなることがしょっちゅうあるんです」と、キラキラ目を輝かせて話す日高さん。

ミズノのブレない格好よさと機能美、そして本田選手の〝続けるミズノ〟への信頼がケミストリーを生み出しているかのように感じるエピソードです。

ちなみに、こういったトップアスリートとの仕事を夢見てミズノで働きたいという読者の方もいると思うので、ここで少し日高さんのキャリアについても触れておきましょう。

日高さんは海外で活躍する花形サッカー選手を用具で支えることを夢見てミズノに入社。でも、ゴルフ営業・法人営業などで勤務するうち、どの仕事も面白くなり、そのうちサッカー志望のことは忘れてしまったといいます。

ミズノでは面談やFA制度など、やりたい仕事をアピールする機会があるのですが、入社から20年近くのキャリアを経て、日高さんは晴れて憧れのサッカー担当に異動。

「いきなり本田選手の担当で、正直ビビりました」と笑います。

選手たちとは半年〜1年先に使用するシューズの打ち合わせを行い、実際にそれを着用するところまでをフォローするそうです。やっていること自体は他の営業の仕事と変わらず、お客さまや社内との地道なコミュニケーションが大事だといいます。

大事な試合の前にシューズが届かない悪夢にうなされることも頻繁にあるそう。

最後に就活生や転職を希望される方へ、日高さんからアドバイス。

「これから海外で活躍するサッカー選手の担当になるには、熱意・本気・説得力、そして語学力が大事かなと思います」

▼緩急をつけながらもミズノは〝長い時間〟を大事にする

本田圭佑選手がミズノを今も愛用しているひとつの理由は、学生だった頃から使っているから。そんなトップアスリートたちは他にも少なくありません。

一昔前より短期的に結果や関係構築が求められがちな現代のビジネス界ですが、ミズノは比較的長期で物事を見守ったり、考えていくカルチャーがあると、僕は感じています。いつもとか、すべてにおいてとは、そこはやっぱり一部上場企業なのでいえず、ときにはスポーツの如く緩急をつけることも多々あるのですが……。

たとえば、ミズノではスポーツ用品の販売店のことを「得意先」と呼んでいますが、いわゆる一般的な「売り先」とか「販路」といった以上の関係を、各々の営業担当が築いていく社風があります。

街のスポーツ用品の販売店のおやじさんなら「市内の中学校にはどんな新人が入ってきて、どこが強くなりそうか」という情報まで掴んでいても、それは地域に根差しているので不思議はありません。実際、地域のスポーツ用品店の社長やスタッフは、地元の子どもたちの大会で、審判を積極的に務めたりしますからね。

でも、ミズノの地域の営業担当も負けずと、今日も日本の隅々の野球少年団などの様子を見に行ったり、大小かかわらずいろいろな大会に顔を出したりしています。

たしかに、最近僕が岡山で開催したストリートサッカーの大会にも、プライベートなのか仕事なのか最後までわかりませんでしたが、どこからともなくミズノの社員がやってきて、数試合プレイした後、風のように去っていきました。

こういったミズノ社員の行動力の中、稀にとてつもない「地元の逸材」を発掘することもあるそうです。その情報は地域のスポーツ用品店・ミズノの地域担当・本社で共有され、未来のスター選手の成長を見つめていくことになります。池江選手も……これはコーチ陣からの「すごい子がいる」という話だったといいますが、同じように早い段階で知り合っているそうです。

これはミズノの仕事の一側面に過ぎませんが、総じて他の側面でもミズノは長い時間と積み重ね、細かな仕事や情報を大事にします。一般的にスポーツ用品のブランドは、旬な選手と大きな金額で契約をするイメージがあると思いますが、ミズノの場合、選手の発掘や契約は多くのケースで、このように地道です。

先ほど登場した本田選手担当の日高さんの言葉が印象的です。

「今でこそ私が本田選手の担当をしていますが、そこに至るまでは前任者だったり、高校時代からフォローしていた地域の担当だったり、もっといえばミズノのブランドを築いてきてくれた先輩たちのおかげで、こういう仕事ができているんです」

▼メジャーリーグでプレイする日本人選手をサポートするお仕事

ミズノが得意なスポーツといえば野球。読者の方は、その中でも日本人メジャーリーガーと関わる仕事が気になることでしょう。

ここからしばらくはメジャーリーグでプレイする日本人選手の担当だった元社員・澤本啓太さんのお話を軸に綴っていきます。

長いお付き合いを大切にするミズノですから、契約しているプレイヤーがアメリカに渡っても、当然しっかりとサポートを続けます。

日本のプロ野球でいうところのキャンプに当たる毎年2月のスプリングトレーニングに始まり、年に4~5回は渡米し契約選手のもとへと向かうのが例年のスケジュールです。

「広いアメリカでの移動はなかなかハードになることが多く、ナイトゲームが終わって深夜まで選手との打ち合わせを行って、早朝の飛行機で東西を移動するといったことが頻繁にあります」と澤本さん。

花形ジョブに映るメジャーリーグ担当ですが、たしかにミズノ社員の誰に聞いても「ものすごくハードな仕事で、移動が多いです」と、みんな口を揃えます。広さや時差（米国内）も理由ですが、ミズノのメジャー担当はプレイしている日本人選手の数にかかわらず、基本的にひとり。ひとりでマイナーリーグにいる日本人プレイヤーも含めて会いに行くので、そりゃハードスケジュールになるわけです。

また、ミズノのグラブ職人を同行しての渡米もあり、こういったフットワークの軽さは〝ミズノらしさ〟と、日本人選手から高評価だといいます。

ちなみに、今のように日本人選手が米国に渡りメジャーでプレイするようになったのは、90年代半ばの野茂英雄さんによるドジャースでのセンセーショナルな活躍以降で、最近といえば最近。でも、そのずっと以前からミズノは日本人選手がいるいないにかかわらず、メジャーリーグのチームのキャンプ地に、ミズノのロゴが入ったトラックを走らせ、職人を乗せてアメリカ人選手のグラブを直しに出向いていました。

当時は「グラブを直す」という発想がなかったアメリカ人選手にとって、このトラックの中で職人・坪田信義さんが見せるワザは驚きの連続で、敬意を持って「マジックハンド」と呼んだといいます。その虜となった選手の中には、あのピート・ローズ（シンシナティ・レッズ）や、日本では千葉ロッテマリーンズの元監督として有名なボビー・バレンタイン元選手もいたそうです。

「実はメジャーリーグ担当が忙しくなるのは、米国でプレイしている日本人選手たちが帰国し、オフに自主トレをする期間です。一緒にトレーニングをしながら、すき間時間に打ち合わせをすることもあります」

ミズノの中でも野球経験がある人がメジャーリーグを担当することが多く、自主トレのお手伝いをする機会もあるそうで、澤本さんも球拾いはもちろん、バッティングピッチャーも経験したそうです。

メジャーリーグのチームに移籍する日本人プレイヤー全員が、ミズノと契約しているわけではありません。でも、「そういった選手たちにも挨拶を欠かさず、アメリカに頻繁にきていることを伝えます」とのこと。

どういうことでしょう？

「アメリカに渡ると、日本でプレイしていたときには想定していなかったアクシデントや用具

日本人大リーガー誕生前から、ミズノは米国各地の球場でグラブ直し

の不具合に見舞われることもあります」と続ける澤本さん。

ミズノの強みは、そんなアクシデント発生時に頼りになる細やかなフォローと、感覚的な部分にまで踏み込んだ細かい微調整を行えるコミュニケーション能力。もちろんギアの品質や職人の腕も大事ですが、こうした販売促進担当の力も、さりげなく選手にアピールすることが大事だといいます。

そんなフォローが功を奏して、アメリカで選手生活中にミズノと契約をしてくださったのは、福留孝介選手だったり、斎藤隆投手（2015年引退）だったり。これもまたミズノらしい関係の築き方といえるでしょう。

▼イチローさんと松井さんから始まったミズノへの注目

アメリカでの野球グラブのブランドのシェアは昔から〈ローリングス〉が圧倒的で、ミズノが注目される機会はあまりありませんでした。

その状況が一変したのはイチローさんや、松井秀喜さんの活躍。目の肥えたアメリカ人からもミズノのグラブは大いに注目されることになりました。

メジャーリーグの日本人以外の選手たちにもミズノの用具に興味を示す人が増えて、澤本さんが日本人選手たちのところをまわっていると、メジャーリーガーから「ミズノと契約したい」というオファーを受けることもたびたびあったといいます。もしかしたらチームメイトである日本人選手へのミズノの細やかな対応を見て、羨ましく思ったのかもしれません。

ある興味深い情報ウェブサイトによると、メジャーリーグの内野手・外野手が使用するグラブの多くは、冒頭のローリングス。およそ50～60％の選手が、このブランドのグラブを愛用しています。

シェア2位は、これも極めて高い数値をマークしている〈ウィルソン〉で28％。つまり約8

松井秀喜さんのバットにプリントされたロゴは担当社員と社内デザイナーが考案

〜9割の選手が、この1位・2位どちらかのブランドを手にプレイしていることになります。

でも、そこを追うのが我らがミズノ。そのサイトによると3位のシェアで、5％の選手はミズノユーザーとのこと。この数字をどう見るかは意見が分かれるところですが、僕は健闘している気がしますし、このポイントがあがっていくことを楽しみに、今後もシェアをフォローしたいと思います。

何より、「中南米の選手にとっては、ミズノのグラブは憧れの存在」という話が、なんだかうれしいです。

▼担当者が考える「イチローさんが道具を大切にする理由」

さて、イチローさんが道具を大切にするのは有名ですが、澤本さんが思うところによると、それはイチローさんと、道具をつくる職人さんとの間に存在する緊張感と信頼関係によるものではないかといいます。

「職人が直接顔を合わせて用具のヒアリングと意思疎通を図ることで、イチローさんとの間に緊張感が生まれる。その緊張感の上に信頼関係が積み重ねられていく」、そんな関係がより道具を大切にすることにつながっているのではと考えているそうです。

イチローさんはグラブに究極の軽さを求めていました。同時に究極の柔らかさも求めていました。とはいえ、職人がグラブを叩いて柔らかくすればいいかといえば、そんなに単純なわけもなく、柔らか過ぎてボツになったグラブもあったそうです。また、柔らかいがゆえの問題もあり、イチローさんのグラブはへたりやすい（型崩れしやすい）。だから、「すぐに使えるようスペアは常に用意していました」。

そして、澤本さんが美術展の感想をいうかのように教えてくれたのは、イチローさんのバットの扱い方についてでした。実に大切に、美しく――松ヤニのつけ方から触り方まで、「その所作の美しさを見ていると、ため息が出ます」と当時を振り返ってくれました。

２０１９年3月21日、イチローさんの引退は澤本さんも当日まで知りませんでした。日本で行われたメジャーリーグの開幕シリーズだっただけに、澤本さんも上司も、何かあったらすぐに動けるようにという準備はしていたそうですが、まさかその日、イチローさんの引退会見を見ることになるとは想像もしていなかったそうです。

「会見で『引退』という言葉を聞いた瞬間、鳥肌が立ちました。担当者として個人的な感情よりも、ミズノが長年イチローさんと一緒に戦ってきた歴史を感じていた気がします」

もちろん引退後もイチローさんとミズノの相思相愛は続いています。「純粋に野球を楽しみたい」と、今イチローさんは軟式の草野球をすることもありますが、現役時代と変わらずミズノの用具を使っています。

ちなみに、野球少年だった頃の澤本さんが使っていたバットはイチローモデル。深いところで、ずっと前からつながっていたのかもしれません。

▼選手との契約も長い、セカンドライフもサポートする

選手とミズノの契約は、いくつか異なるカタチがあります。そこに金銭は発生せず、ミズノが用具だけを提供する「物品提供」という契約がひとつ。また「社員選手」という形態もあり、これは選手がミズノの社員としてお給料を受け取るもの。仕事は競技、つまり練習と試合です。そして、「アンバサダー契約」。これはミズノが選手に契約金を支払い、またギアの提供もします。選手はミズノの顔となって、文字どおりミズノブランドの大使役に。カタログなどにも登場し、ミズノのイメージと製品を世界に発信します。

ミズノならではの〝長いお付き合い〟を象徴するのが、選手の現役引退後もアンバサダー契

約を継続したり、選手のセカンドライフの支援をすること。

これは他のスポーツ用品ブランドなどには、あまり見られないことです。普通は引退したら、そこで契約は終了。メーカーと選手の距離も遠くなったりするものです。

では、試合に出るわけではない元プロアスリートたちとミズノは、引退後に何を一緒にやっているのでしょうか？

その取り組みのひとつが〈ミズノビクトリークリニック〉です。

きっかけは２００６年、ミズノ創業１００年を記念したイベントです。〈MIZUNO Dream Support Project in Tokyo Dome〉と題し、東京ドームにミズノと縁のある元トップアスリートが集まって、小学生に指導を行いました。

野球・柔道・ゴルフ・バレーボール・テニス・サッカー・陸上競技の7種目。

講師は、野球が松井秀喜さんや落合博満さんら。柔道は古賀稔彦さん、谷本歩実さん。ゴルフなら岡本綾子さんや川岸良兼さんら。バレーボールは大林素子さんや柳本晶一さんら。テニスは松岡修造さんら、サッカーなら阿部勇樹さんや森島寛晃さんら、陸上なら末續慎吾さんや室伏広治さんら……と、それはそれは贅沢な面々が集結しました。

このイベントはあまりにも大好評で、「1回だけで終わるのはもったいない」という声が強

スポーツの楽しさを伝えるリオのメダリスト・飯塚翔太選手（短距離走）

くあがりました。

それに応えるように、以降はミズノビクトリークリニックという名称で、それぞれのアスリートごとに定期的にイベントが行われ、2019年は全国でなんと89回開催されています。

ミズノビクトリークリニックを担当する泉家秀紀さんによると、現役のトップアスリートはもちろん、オリンピアン、メダリスト、トッププロなどを中心に、ミズノビクトリークリニックの講師としてお願いできる選手、元選手は約200人いるとのこと。

講師はそれぞれに工夫をこらした指導法を持っていますが、水泳の田中雅美さんや寺川綾さんなどは特に人気。また、ある高校の先生から修学旅行で東京に行った際に講演会を企画できないかという相談がミズノにあり、たまたまソフトボールの宇津木妙子さん（元日本代表監督）のスケジュールを押さえることができて講演をしてもらったところ、感動して涙する生徒が出るくらい素晴らしいお話だったといいます。

最高レベルの技術指導を受けたいという子どもたち・部活生たちがたくさんいる一方、経験やスキルを次世代に伝えたいという考えを持つ元アスリートもたくさんいます。その橋渡しをミズノが行えば、それは日本のスポーツ界・教育界にとって大きな貢献となります。

また、競技によってキャリアの長さは異なりますが、どんなアスリートにも引退の日はやってきます。ミズノは講師をお願いするという形で、引退したアスリートたちのセカンドライフを応援することができます。ミズノビクトリークリニックは、ミズノの契約アスリートたちと長く付き合える仕組みでもあるのです。

ミズノと現役時代にアンバサダー契約を結んでいて、引退後も継続してアンバサダー契約を維持する元選手たちもいます。

最近「引退してもミズノのアンバサダー」という輪に加わったのが、日本のサッカーファンや現役Jリーガーたちの多くがリスペクトする、川崎フロンターレ・中村憲剛さん。サッカー選手の引退は「スパイクを脱ぐ」と表現されますが、そのスパイクはずっとミズノの名作・モ

ミズノ社内で流れる社員向け番組のキャスターを務める中村憲剛さん

レリアでした。中村憲剛さんは「ミスターモレリア」と呼ばれるほど、そのタッグは確固たるものでした。

聞けば早速ミズノ社内で社員が観賞する映像番組などでキャスター役を務めるなど、選手時代とは違ったミズノとの新しい関係を築き始めているそうです。

▼引退しても続くいい関係

引退後もミズノとアンバサダー契約をしている元選手たちはテレビ出演の際などに、胸にランバードのピンバッジを輝かせていることが多いです。みなさんもきっと今、松岡修造さんが頭に浮かんだのでは？

ちなみに、アンバサダーたちのジャケットにつけるピンバッジは、ミズノにとって議員バッジのように大切なもの。数量限定でつくられており、その裏にはシリアルナンバーが刻印されています。

本書の冒頭では、松岡修造さんがミズノスタッフへ感謝のメッセージを寄せてくださいました。その中で〈修造チャレンジ〉という言葉が出てくるのですが、それは松岡修造さんがテニス界の発展を願い、ジュニアプレイヤーの育成や、合宿型でトップジュニア選手の指導をするプログラムの名。現在活躍中の日本人テニスプレイヤーの多くも修造チャレンジの出身で、それをミズノはスポンサーとして支えています。

これは1998年にテニス選手としてプロツアーを卒業した松岡修造さんが（〝卒業〟という言葉にこだわっています）起ちあげたプロジェクトなのですが、修造さん自らが直接、そして熱く、メンタル面まで指導するのがすごいところです。

世界ランキング100位以内に入る日本人選手を継続して生み出していきたいという強い想いで行われていますが、錦織圭選手も修造チャレンジから羽ばたいているので、その想いは確実に目に見えるものになっています。

松岡修造さんをスポーツキャスターやタレントさんだと思っている若い世代の方もいるかも

錦織圭選手も修造チャレンジから羽ばたいていった選手のひとり（写真：ベースボール・マガジン社）

しれませんので、念のため。1995年にウィンブルドンで男子シングルスのベスト8に入り、当時日本中を熱狂させてくれた元テニスプレイヤーです。

ウィンブルドンの会場がライブ中継されている世界のお茶の間が、静けさの中、固唾をのんで松岡修造選手のサーブを見守っているとき、コート全体に響き渡るように日本語で、「この1球は絶対無二の1球なり」と叫んで、ベスト8進出を決めた激アツな方なんです。

▼20年以上続くアムステルダムマラソンのパートナー

日常的にランニングを楽しむ日本人は今1000万人近くいるといわれています。東京マラソンが始まった頃を境に、ランニングは日本の多くの社会人のライフスタイルに、ヨガ同様しっかり組み込まれるようになりました。

全国を旅して各地の大会に出るようなランナーたちは、「どこのブランドが、どの大会のスポンサーをしているか」という話に詳しいです。

そんな人たちに「ミズノといえば?」と聞けば、すぐに「大阪マラソン!」と回答が返ってくるでしょう。東京マラソンの4年後の2011年に始まった日本最大級の都市型マラソンで

美しく歴史的な建造物・アムステルダム国立美術館を通過する

ある大阪マラソンは、申し込み倍率約4・5倍の人気大会ですが、そのゴールは大阪にあるミズノの本社のすぐ近くでした。「こんなにゴールが近いのに、スポンサーをしないわけにいかないな」という話がミズノ社内でも持ちあがったといいます。毎年、大阪マラソンの開催を記念したカラーのランニングシューズがミズノから出ることを楽しみにしているファンも多いです。ちなみに、2019年大会から、ゴールは大阪城公園に変更となっています。

さて、この流れで紹介したいのが〈アムステルダムマラソン〉です。

ホノルルやゴールドコーストの大会に行く日本人は少なくありませんが、オランダに走りに行く市民ランナーは少数派。でも、ミズノとアムステルダムの関係がすごいのです。

欧州中の市民ランナーを中心に毎年5万人弱が走るアムステルダムマラソンは、アップダウンが少ないフラットコース（オランダの国土はどこもフラット）。自己ベストが狙える大会として有名です。

アムステルダム国立美術館などを通過する市街地と、風車が並ぶ河川沿いなどを進む郊外のバランスが素晴らしい、「ザ・オランダ」ともいえるレースでしょう。

その歴史も長く1928年のアムステルダムオリンピックを起源に、1975年以降ほぼ毎年行われています。

そんな欧州屈指の高いブランド力を持つ大会のパートナーとして、2000年からずっとサポートをしているのも実はミズノなのです。

運営組織との関係は極めて良好なようで、今後もしばらくコラボレーションは続きそうです。

大阪マラソンと同じように、ここでもミズノの記念モデルのランニングシューズが毎年出るのですが、このデザインが抜群にかっこいい！　これは写真でも、ぜひお見せしたいと取材時から思っていました。

オランダといえばレンブラント。だから、シューズのカラーリングも、レンブラントの作品

Rijks Museum（アムステルダム国立美術館）とのコラボレーション。レンブラント作品『夜警』からインスパイアされたデザインの、アムステルダムマラソン記念シューズ（2019）

アムステルダムマラソン記念シューズのインソール。レンブラント作品『夜警』の一部がデザインされている

『夜警』からインスパイアされた色使い。そして、何よりクールなのがインソール。レンブラントの絵画の一部がそのままプリントしてある斬新さは、ミズノのデザインのイメージを覆すインパクトがあります。

僕の専門分野であるブランディングの観点からいうと、「互いのブランド価値を高める」がコラボやスポンサーシップの理想形。アムステルダムマラソンとミズノは、このタッグで互いの価値を大いに高めている感じがします。

▼ミズノの長期的展望の原点？　戦後の商いのルール

「長い時間をかけて信頼関係を構築する」、「長期的展望」というキーワードでミズノの特徴を綴ってきました。その根底にあるのはやはり創業者・水野利八さんの考え方です。

しかし、実際の利八さんは子どもの頃から〝長期的〟とは正反対の慌て者だったそうで、常に冷静沈着でいるようにと、自分で自分に言い聞かせ続けていたそうです。

そんな利八さんが我慢に我慢を重ねた時期が、戦争直後です。

GHQ占領下の日本は、戦地から復員する人たちで人口が増える一方、国内生産も輸入も滞り、ありとあらゆる物資が不足していました。

統制経済がうまくまわらず、ヤミ市が勢いを増し、食料品からぜいたく品まで、高いお金さえ払えば、なんでも買えるようになっていました。その多くは密輸品など、当時違法とされるルートで供給されていました。

そんな中でも利八さんは、ヤミ市で材料を調達したり、ヤミ市で仕入れた商品を販売したりすることを全従業員に禁じました。

戦争直後はスポーツへの関心が急激に高まったため、もしも闇のルートで材料を調達してスポーツ用品を製造すれば、多少品質に問題があっても飛ぶように売れるのは明白でした。でも、利八さんは、違法な商取引が摘発されたり、粗悪なボールやバットのせいで事故でも起こしたら、ミズノブランドは地に落ちるといって、それを社員に許さなかったのです。

それでも大事なお客さまから、どうしてもゴルフクラブを売ってほしいと頼まれることがありました。「スポーツのミズノやないか」と、断っても聞き入れてくれません。利八さんが取った苦肉の策は、ヤミ市で仕入れた品物を、仕入れた金額そのままで売ることでした。運送費も包装費も乗せないので赤字なのですが、そうまでして粗悪な商品を〝ミズノ〟として売ることを避けたのです。

ブランド戦略の専門家としての僕は、過去の書籍の中で何度も「会社がブランドと呼ばれるようになるためには、商品と接客の質を高いレベルで維持しないといけない。その質がまばらになることを避けなければいけない。ブランド戦略に大事なのは〝安定感〟だ」と書いていますが、まさにこのヤミ市のエピソードはミズノ初期のブランド戦略。やはり115年続くような会社は、このように最初から哲学がしっかりしているものです。

そして、あるとき大阪税関による一斉摘発が……。ミズノも例外なく捜査されます。たしかにヤミ業者から密輸品を仕入れて売買はしているのですが、その取引の記録が示しているのは大赤字。大阪税関でも「これはどうしたものか」と会議になり、結果お咎めなしとなりました。

こんなに厳しい状況でも、利八さんは「工場は1日も休んだらあかん。人間はひとりでも手放したらあかん」と指針を明確にしました。

社員の中には心配する人もいましたが、利八さんは「やがて、うちのやってることが正しかったとわかるときが、必ずくる。もうしばらく辛抱してんか」といい、最後まで真っすぐな商売と、ミズノの品質にこだわったのでした。

共に成長をしてきた街のスポーツ用品店のために

第1章の最後に、これまたミズノらしい仲間を想う取り組みについて紹介します。僕がミズノと関わるきっかけとなったプロジェクトでもある〈SOZO営業〉についてです。

当時ミズノでこのプロジェクトを担当していたのは北野喜久さん。僕の小さな会社やお店のブランド戦略に関する書籍を読んだと連絡を受けたのが、2008年頃だったと思います。

当時は大型のスポーツ用品量販店が各地に次々とオープンしていた時期。家族経営の小売店や地域密着でやってきた街のスポーツ用品店が将来に不安を感じていたときでした。

そこでミズノ社内で起ちあがったのが、このプロジェクト。「ミズノは創業以来これまで全国各地にある得意先（スポーツ用品店）に支えてもらってきたが、今その得意先の多くが先行きを不安視している。今こそミズノの営業の力で得意先を助け、地域の繁盛店をつくっていこう」という強い問題意識から生まれたものでした。

具体的な活動は3本柱で、経営改善・売り場改善貢献を中心とした「付加価値」の提供、お客さま以上の「ファンづくり」への貢献、そして「IT化支援」を掲げました。

売り場で楽しんでもらえる仕掛けを得意先とミズノで共に展開

お店に出向いて一緒に汗をかいての売り場の模様替えや、頻度の高いビジネスセミナーなどの開催を（ときには泊まりがけで）連発していたのを、僕もよく覚えています。

街のスポーツ用品店が、それまでのように〝総合スポーツ用品店〟としてやっていくには限界があります。売り場面積がはるかに大きい大型量販店のほうが品揃え・仕入れの数から販売価格といった面では軍配があがるためです。

ここで行う施策が、たとえば取り扱うスポーツ用品の絞り込み。違ういい方をするならば、総合スポーツ店から、特定のスポーツに特化した専門店へと脱皮することのすすめです。専門店ならば売り場面積も何とかなるし、値引き勝負を少しは避けることができるようになります。

野球にフォーカスしたお店は販売のみならず修理に着目し、大型量販店との違いを打ち出したりもしました。

これ以前からすでに何かしらのスポーツに特化した専門店だったところは、たとえば商品棚の魅力に磨きをかけたり、POPを楽しいもの・笑えるものにしていったりと、また違った進化を試みました。得意先の新しい〝創造（SOZO）〟を、プロジェクトに関わるミズノ社員やそのお店のミズノの営業担当、また僕のような外部の協力会社の者が、一緒に汗をかくコンサルタントとなってサポートしていきました。北野さんと全国の得意先を二人三脚でまわったことは、いい想い出です。

このプロジェクトの結果が大成功とは、一概にはいえません。大型量販店のみならず、その後も「スポーツ用品はネット通販で」という新常識の浸透や、アマゾンの台頭もあったので、残念ながら力及ばず廃業を選択された得意先もあります。

ただ、あれからまたまわりまわって2021年の今、個性ある地域の個店が注目され始めています。ミズノSOZO塾（セミナーをそう呼んでいました）で、あのとき個性を磨いた街のスポーツ用品店が本領を発揮するのは、実はここからなのかもしれません。

僕の中で特に印象に残っているのが、このプロジェクトの前後に、岡山県に拠点を置く株式会社モミジヤ運動具店が、フットサルコート〈MOMIJIYA FUTSAL CLUB〉を併設したサッカー・フットサル専門店〈MOMIJIYA F.C〉をオープンしたこと。

今ここは県内のサッカー好きの聖地のような存在になっています。

僕は今でもこの得意先仲間に混ぜてもらっていますが、全国のスポーツ用品店の社長たちは大変仲がよく、そのつながりはミズノを中心にとても強かったりします。

北野喜久さんも「SOZO営業の頃に全国の得意先へまいた種は、何かしらのカタチになったという気がしています」と続けます。

「あのプロジェクトがあったからこそ、潰れてしまった店舗数を抑えることができたと思っています。また、このSOZO営業をきっかけに、得意先をただまわるという営業から、提案型の営業へと、ミズノの営業自体がシフトしました。その基本としても、ミズノにとって大事な時間だったと思います」

PART

2

ミズノが“まち”をマルっとプロデュース

スポーツを根づかせた その事業自体が社会貢献的

前章は長い章でした。「長い時間をかける」「仲間を大切にする」というミズノの特徴についてだったので、文字どおり長くなってしまいました。

「でも、得意先や社員に聞いたら『最近はそうでもない』といわれるかもしれません」と気にされているスタッフの方も何人かいました。

つまり、得意先との付き合いもあっさりだったり、異動・担当替えも多く実際は長い時間をかけて関係がつくれないことも増えたということ……。

たしかに、僕もミズノが商品を卸す小売店から「最近のミズノは……」と話を聞くことがあります。が、それでもビジネスコンサルタントとして、広く企業や業界を見ている僕からすれば、さすがは100年企業。縁・絆・関係・信頼を築くのは全社員うまいと思います。そうじゃなければ僕もこうしてミズノの本を書くことはなかったはずです。

さて、第2章では「社会課題の解決に積極的」という伝統的なミズノの姿勢をテーマにしていきます。

創業者・水野利八さんの奉公時代の話がありましたが、その下積みの中で売り手よし・買い手よし・世間よしの「三方よし」が若くしてすり込まれていたのでしょう、ミズノには「企業は社会の公器」という考えが根づいています。

それを表しているのが、ミズノ社内で交わされる社員の次の口ぐせです。

「利益の利より道理の理」

この章を読み終えたときに、「ミズノは事業自体が社会貢献なんだな」と感じてもらえたらうれしいです。日本の単なる1メーカーではなく、地域や社会をつくっていることを知ってもらえたらうれしいです。

「スポーツ産業は聖業である」と言い切っていた利八さん。その言葉どおり今日も社員たちは世界を飛びまわり、どこかで「スポーツがある地域や社会」を築いています。

▼社会インパクトある広告で世の雰囲気と意識を変える

利八さんはアイデアパーソンでした。モノづくりのアイデアに限らず、その能力は広告でも大いに発揮されていました。ユニークな宣伝方法は、また本書が進む中で紹介していきますが、まずはこんなミズノの広告をお見せします。

1925年、『アサヒスポーツ』1月1日付号に掲載された「選手及び運動家諸賢に御願い」と題した広告です。

「一部の優良な外国製品はしかたないにせよ、なんでもかんでも西洋のものを『舶来品』と呼んでありがたがるのはいかがなものか。目が覚めていないような洋モノ崇拝者は、国産の有料品のことを『和製品』と呼んで、さげすんでいる」と、まずは刺激的な問題提起から始まります。

そして、「これからはぜひ、和製品ではなく日本品と、舶来品ではなく外国品と呼んでください。そして、優良な日本品をご愛用ください」と呼びかけています。

文明開化以来、すっかり西洋寄りになってしまった日本人に向けて、もう今や国産品だって

今から約100年前に広告で世の中をザワつかせていたミズノ

ハイクオリティなんだと訴えることで、消費者の意識を変え、日本の内需拡大や生産・流通・小売の進化に貢献しようとする姿が浮かびます。

この時期のミズノは株式会社になったばかり。当時は小さなスタートアップ企業に過ぎなかったのに、このような広告で社会に物申したという事実は、あまり知られていません。アウトドアウェアのブランド〈パタゴニア〉のように、社会インパクトがある広告を、かつてミズノはつくっていたというお話でした。

▼ベトナムでは体育の授業そのものが「ミズノ製」

日本の小学校に通った人にとっては、体操着に着替えて校庭や体育館で体育の授業を受けるのは普通のこと。プールやマット、各種ボールも、ちゃんと揃っていたことでしょう。でも、これって世界的に見たら実は相当恵まれていることなんです。

体育のクラスどころか、子どもたちが毎日学校に通って勉強することが叶わない国もありますし、「子ども＝労働力」という地域では、そもそも学校に行かせることに積極的ではない親たちもいます。

経済成長が著しいように見える新興国でも、学校こそ整備されているものの、「体育の授業までは手がまわらない」といったことは少なくありません。

ベトナムが、まさにそうでした。

これから紹介するのは、そんなベトナムという国の体育授業そのものを変えた、ミズノ社員の物語。僕自身、これはドキュメンタリー番組になってほしいと思うほどのストーリーです。

主人公の森井征五さんは、世界を股にかけてキャリーケースを引き、空港をカッカツ革靴で闊歩する、ドラマで描かれるような典型的な国際ビジネスパーソン――ではなく、誰とでも仲よくなれそうなノリの持ち主。スーツを着た芸人さんのようにも見えます。

でも、その芯は誰よりも真っすぐ。面白さの中にも「社会をよりよい方向に変えていきたい」という信念を言葉の節々から感じる、熱きチェンジメーカーです。

森井さんは「サッカーやバドミントンの道具やシューズを売る代理店になりたい」と希望しているベトナムからの連絡に対応すべく、普段と変わらぬひとつの東南アジア出張に飛びました。

そこでの会議・交渉の中、聞けばそのベトナムの代理店希望者は、叔父がベトナムの副首相だといいます。冗談半分、疑い半分に「だったら、一度会わせてよ」と森井さん。でも、その話はリアルで、すぐに〝ベトナム副首相×森井征五会談〟が実現します。

その面会で森井さんが「これは……」と思ったのは、ベトナムの経済成長に伴い、子どもの肥満率が40％超になっているという話。

第1章でもミズノ社員は「いろいろな大会に顔を出す」と書きましたが、それは海外でも同じです。森井さんは、すぐにベトナムの小学校に出向いて体育の授業を視察しました。目にしたのは狭い校庭で、つまらなそうに身体を動かしている子どもたちの様子。

森井さんはミズノの社員としてのみならず、この現状を変えたいと心から願うひとりの国際人として、ヘキサスロンの導入を提案しました。

〈ミズノヘキサスロン〉とはスポーツ体験がなく、運動が苦手な子どもでも、遊び感覚で自然に基本的な動作を身につけられるという、ミズノが開発した運動プログラムです。

プログラムに必要な用具もミズノは独自開発しているのですが、安全性に優れているので、それらは狭いベトナムの校庭にぴったり。ベトナムの小学生たちが、遊びながら「走る」「跳ぶ」「投げる」など多様な動作を習得することが可能です。

ミズノの営業担当は、こうして自社が持つ武器を活用したり、他の何かと結びつけるのが本当に得意。応用力やSOZO力に優れています。後にも詳しく書きますが、理系社員・開発部隊は異素材を組み合わせる力が抜群です。

ところが、グッドアイデアと思っていたのは森井さんだけで、これは意外にも反対されます。先ほどの代理店候補の会社からの反対です。

というのも、ベトナム教育訓練省による現地の体育の授業改革はすでに始まっていて、シンガポール・韓国・ドイツ・オーストラリアの企業が、とっくにこの肥満率を問題視していました。ベトナムの新しい体育教育プログラムとしてそれぞれがアイデアを提案中で、レースはもう始まっていたのです。

「そこにベトナムの教育界で無名のミズノが参入したところで、うまくいくわけがないよ」というのが理由でした。

これまでも常に自分自身を「単なる御用聞きの営業ではない」と捉えてきた森井さんは、この状況にも「まだまだ逆転できるでしょ」と逆に燃え、最後はこの圧倒的なスタートの遅れを覆し、何とかベトナムの小学校でヘキサスロンのデモをしてOKという許可を得ます。

ヘキサスロンのクオリティを信じていた森井さん、その読みとひらめきは合っていました。小学生たちに使ってもらってのデモでは大きな声が飛び交い、笑いながら投げたり、走ったり、身体を動かす喜びに満ち溢れたシーンの連続だったそうです。

「この子どもたちの反応を見れば、親なら誰もが『やらせてあげたい』と思うはず」と、森井さんは自信を深めました。

でも、これは単なる営業ではありません。ここからは森井さんも未知の世界。はて、ベトナム政府と直接仕事してもいいんだっけ、日本政府を飛び越してもいいんだっけ……などなど、政府相手の商売のプロセスに苦悩する日々が続きます。

その頃の森井さんといえば、この先は誰に何をどう連絡していいのか弱り果て、手当たり次第いろんな人に話を持ちかけていたといいます。ベトナム政府と日本政府の間に挟まれた、ひとりのミズノ社員……その突破口は何だったのでしょうか？

「人生は決断と出逢い」をモットーとしている森井さん。これまで積み重ねてきた信頼、人や社会へ尽くしてきたことが返ってきたのでしょう、ある方が「いいことやってるね」と、この悩める長いトンネルの出口のほうへと導いてくださり、ついに森井さんは日本政府に対し「ヘキサスロンをベトナムの小学校へ」のプロジェクトについてプレゼンする機会を獲得しました。

軽いノリで話した「ベトナムの副首相に会わせてよ」から始まった、ひとつの国の在り方を変えるプロジェクト。緊張感たっぷりだったという森井さんの日本政府に向けてのプレゼンで、ひとつのフェーズを終えました。後は2つの政府が、どう動くか。その結果を待つだけです。

ひとりのミズノ社員のパッションがベトナムの教育を変えた

無謀？　常識知らず？　後出しじゃんけん？　いや、僕にはロマンと挑戦に映ります。日本のビジネス界が忘れかけている突破力と強いスピリット、それを森井さんが示してくれたと思っています。

それは2016年の秋だったといいます。新幹線に乗っていた森井さんに、日本の文部科学省から一本の電話が入りました。

雑音の中、かすかに聞き取れた「採択」の言葉に、手が震えました。公共の場で、いい大人がこんなに泣くことがあるのかと思うほど、その涙は止まりませんでした。

将来のオリンピック・パラリンピックでベトナムがメダルをたくさん獲得したら、この話を思い出してください。

いつかニュースでベトナム国民の健康寿命が延びていると聞いたら、この話をもう一度読み返してみてください。

熱い男の感謝も、これまた熱いです。

「意義先行の事業ですが、やがて成果も追いついてくると考えています。行動量に規制をかけず、回収に時間がかかる投資も認めてくれる会社に感謝しています」

▼子育て世代の社員が考案した学童保育〈あそりーとAFTER SCHOOL〉

「学童？　面白くない……」

ママとして、会社員として、そのバランスが取れている凛とした空気感を持つ宮本翠さん。子育てにも忙しい毎日で、公設の学童に通う娘さんに「どう？」と聞いたら、返ってきたのが冒頭の答えでした。

ときを同じくして、ミズノで始まったのが社内ベンチャーのアイデア募集。スポーツ以外の分野にも歩を進めるミズノとして、またアイデアを持つ若手がそれを役員に伝えるチャンスとして、最近スタートした新しい試みです。

アイデアの応募は決して強制ではありませんが、宮本さんが所属する部署からは宮本さんが中心となって、何かしらを出すということになっていたそうです。ビジネスアイデアのジャンルや内容に制限はなかったものの、ずっと頭にこだましていたのが、先ほどの娘さんとの会話でした。

「ミズノで学童保育ができないだろうか？」。自然とアイデアはここに着地しました。

電車の中吊り広告でも見かけるように、民間の学童保育は今、英会話を使って行うものや、競技系スポーツを軸としたものなど、それぞれオリジナリティ豊かだったりします。

宮本さんが所属していた部署は、もともと地域にある公のスポーツ施設や公園の指定管理業務を担っていくチームでもあったので、「ミズノの学童保育はアリだな」と想像を膨らませたそうです。

書類選考を経て、まずは役員に向けたプレゼンを行ったのですが、宮本さんの熱量とは裏腹に、意外にも役員メンバーはドライというか、響いていないというか……。鋭くツッコミを受けることや、想像外の角度で質問されることを予想していたのですが、その反応は「社会課題を解決するならいいんじゃない？」という程度で、この回はあっさり終わった感じだったと。

しかし、拍子抜けが否めなかった宮本さんのところに、最終プレゼンをせよとのお達しが届き、今度は事業の収支計画書までの提出が求められました。

最終プレゼンでは3つの企画が社内に残っていましたが、他2案は保留。宮本さんの案のみ通過という結果になりました。ミズノ社史に残る、新規ビジネスのアイデア公募の合格第1号の誕生です。

が、喜びもつかの間、実際プロジェクトにゴーサインが出たのが8月だったのですが、そのミッションは「翌年4月には学童を起ちあげよ」でした。

これは凄まじいスピードで進めないと間に合いません。長くゆっくりを大事にする会社と散々書きましたが、こういうケースも多々あります。

学童の場所は東京・千住。名前を〈あそりーとAFTER SCHOOL〉としました。

〈あそりーと〉とは「あそび」と「アスリート」をミックスしたミズノの造語で、ここでは白黒でしか表現できませんが、ロゴにある青（海）・緑（山）・オレンジ（太陽）のイメージ通り、子どもたちがのびのびと〝運動遊び〟を通じてカラダを動かし、その楽しい経験から将来スポーツへ挑戦する気持ちを育めたら……と、そこに願いが込められています。

「そんな運動遊びに、一般的な学童保育をプラスしました。運動が苦手な子どもたちも親しみがわく雰囲気にしたいと思い、印刷物などのデザインにもこだわりました」と、宮本さん。な子どもは運動遊びの達人だ！

あそりーと

AFTER SCHOOL

by MIZUNO

運動が苦手なお子さんやご家族にも親しみやすい雰囲気を重視

るほど、いい意味でミズノの競技色が払拭されています。

しかし、ミズノのような大企業といえど、起ちあげる新規事業は最初からうまくはいかないものです。事業開始の1年目は新学期前に募集が間に合わず、認知度のない中たったひとりの利用者（生徒）からスタート……。

その後は、チラシをまき、近隣でプロモーションを行い、生徒は初年度の途中で40名弱に。アンケートの満足度も高く、求められている事業なのだと手応えを感じたといいます。この取材の時点では70名が利用、いよいよ黒字化も見えてきました。

〈あそりーとAFTER SCHOOL〉は、学童として礼儀作法は教えますが、そこに教育の要素はありません。

この学童は「プレイリーダー」の資格を持ったスタッフによって仕切られます。プレイリーダーと呼ばれる有資格者は、「遊び場がない、時間がない」といった困りごとがある中でも、子どもたちに楽しく身体を動かすことを教え、そして遊びを見守るノウハウを持っています。

これはミズノ独自の資格制度ですが、ミズノの社内向け・社員向けというわけではなく、子どもと触れ合うことが多い企業に勤める人や教育関係者へ広げています。

夏休みにはミズノ大阪本社の敷地内にも、福利厚生として期間限定の〈あそりーと AFTER SCHOOL〉をつくりました。

大阪本社に勤務する宮本さんですので、ママが起こした社内ベンチャーへ、ようやくここで娘さんをお客さまとして迎えることができました。娘さんの「楽しい！」という言葉が何よりうれしかったと話す宮本さんは、社員よりも母の顔だったのが印象的でした。

「あればいいいな。でも、ないから自分でつくった」で始める新規ビジネスは、ビジネスコンサルタントの僕の立場から見て、成功率が高いと思います。市場規模うんぬんではなく、これはそこに乗せる想いの強さが影響するのではないかと考えています。

また宮本さんは、出産と旦那さまの海外駐在が重なったときも、ミズノを辞めたくなかったので会社と交渉して新たな休職制度をつくったという行動派。

宮本さんの「なかったから自分でつくった」は、そこでも発揮されていたのです。そんなインフラを社内に整えたことがプラスになっているのでしょう、宮本さんはこういって取材を終えました。

「ミズノは『女性が辞めない会社になってきた』という感じがします」

▼スポーツ用品ブランドが〝まち〟そのものをプロデュース

スポーツ用品のブランドがアスリートをサポートするのは、誰もが見慣れているでしょう。

でも、スポーツ用品ブランドが地方創生に取り組む小さな町をサポートしていると聞いたら、どんな風に感じるでしょうか？

これがセンセーショナルなこととして地方創生の世界で報じられたのは、2016年の春のことでした。

山形県の山あいにある人口7000人程度のリンゴの町・朝日町に報道陣が集まり、記者会見が行われました。そのスタートは町役場の若手職員がモデルになってランウェイを歩くファッションショー。「こんな記者会見は、はじめてだよ」と、新聞記者さんも場の雰囲気を楽しんでいました。

モデルたちが着ていたのは、これから朝日町の役場で職員が着る制服としてのポロシャツや、町のイベントで使えそうなダウンジャケットなど。豪雪地帯なので、ニット帽などのアイテムも発表されました。

それらに共通して入っているのは「ASAHI TOWN Wears MIZUNO」というスローガン系の特別タグ。ニュアンスで訳すなら「朝日町民はミズノを着る」といった感じです。

▼「朝日町民はミズノを着る」というスローガンが現実に

華やかなショーの後には、いわゆる普通の記者会見。カメラを前に今も当時も朝日町の町長である鈴木浩幸さんと、ミズノの山中英二取締役（当時）、そして総合プロデュースをしていた僕が壇上に。今回の経緯やビジョンを発表しました。

電車の駅もなければ、高校もない。日本の少子高齢化の縮図といえるこの町を、「何とかキラリと光るブランド力のある場所に」と僕が町長から直々に仕事のオファーを受けたのは、2014年のことでした。

ブランディングを専門とする僕の仕事は、企業だけではなく地方創生とも相性がいいのですが、それでも「中途半端にこの町に関わるわけにはいかない」という強い想いから、僕自身も生まれて一度も都内から移したことがない住民票をこの町に移し、ひとりの町民としてまちづくりに数年深く関わりました。

その集大成が、このミズノと朝日町のコラボレーションを遥かに超えたパートナーシップ。

このプロジェクトの間に町長と交わした会話の中で多かったのが「町民が町を誇れるように」という言葉。地方創生用語でいうと「シビックプライド」です。

リンゴやワイン、豚肉にダチョウ、棚田に温泉、スキー場。何より、古きよき日本人のいいところがギュッとつまった町民の方々など、すでに誇れるものはいくらでもあるのですが、仕事人としての僕に期待されているのは、それにプラスアルファの新しい〝何か〟です。

そこで考えたのが「もしもスポーツ用品のグローバルブランドが町をアスリートのように支援したら、町に若々しいイメージと躍動感が出て、若い世代も面白がってくれるのでは？」ということ。

朝日町とミズノの調印時の記者会見。左から町長×著者×山中取締役(当時)

朝日町で販売・使用されるミズノ製品のロゴと商品(著者私物)

この「ASAHI TOWN Wears MIZUNO」というスローガン系の特別タグが入ったミズノ製品は、朝日町の道の駅に行かないと買えないものなのですが、たとえば同タグが入ったミズノのポロシャツは初年度に約800枚売れています。ざっくり町民の8人にひとりくらいが買っている計算です。その後も朝日町×ミズノのタグが入ったコラボアイテムは増え続け、コロナ禍ではあの話題のミズノマスクに朝日町タグ入りのものも登場。もちろん即完売です。

町のあらゆるところで、このタグが入ったミズノのウェアを着ている町民を見かけるし、町の中学校の部活も、今は他ブランドからミズノにユニフォームを切り替えています。

僕がこのプロジェクトを終えてから、結構な時間が過ぎているのですが、いまだに町民のおじいちゃん・おばあちゃんはミズノのシューズを買いたいから選んでと、僕に連絡をくれたりします。そのくらい、みんなミズノと共に歩んでいることを、町のみなさんは誇りに思ってくれているし、ミズノに感謝しているのだと思います。

この記者会見に辿り着くまでには、「この人なしでは実現できなかった」という、あるミズノの社員の方の活躍があります。当時、ミズノ東北支社に勤務していた川久保浩之さんです。川久保さんと僕とでやってきた仕事は他にもたくさんあり、この本でご紹介できないのが残念なのですが、あらためて川久保さんの朝日町への多大な貢献に僕の心からの感謝を伝えつつ、ここからはしばらく川久保さん目線で、知られざるミズノの地方創生の仕事をご紹介したいと思います。

▼「薄くなりつつあるミズノの存在感を高めるには?」

当時、ミズノ東北支社に配属された川久保浩之さん。北海道と東北6県が担当エリアでしたが、正直なところ市場としては冷え込んでいました。地域のスポーツ用品店にくるお客さまも明らかに減っていることに、「どうしたものかと毎日自問していました。そもそも人口が減っているんですよね……」。

ミズノは全国に営業所を構えているのですが、現状は高校やスポーツセンターへのルートセールスが主な業務になってしまっていて、そのエリアに営業所を構えている意味が薄いと感じた、こう川久保さんは当時を振り返ります。

「営業所があるのに『ミズノがここにいる』というのが、地域にあまり知られていない。存在価値があまりない。これはエリアで事業をやっていく上では致命的です。なんというか……仲間に入りきれていないというか」

考え抜いた末に行き着いたのは、そういった関係性をミズノが地域で再構築するには、自治体と組むというのがいいのかもしれないという発想。

「そこに村尾さんからちょうどいいタイミングで、『朝日町を一緒にやってみない？』とお話をいただいて、そこからは私の仕事のすべての流れが変わるぐらいの転機になりました」

が、正直なところ当初は社内でかなり批判されたそうです。

「『そんなにやりたいのなら勝手にやったら？』くらいの雰囲気で（笑）。最終的に許可という許可を得ていなかったような気がします。いや、今現在はかなり褒めてもらうことも多くなりましたよ」

山形県朝日町の〝人口7000人〟をどう捉えるかは、その仕事人の感性次第。上場企業の社員なら当然少ないと思うこの数について、川久保さんはこういいます。

「どれだけの売上につながるかはわかりませんが、この数のファンをつくろうと思ったら大変なことです。私は村尾さんが見ている景色と、同じものが見えていたように思います」

〝100人のお客さま〟より〝1人のファン〟。これは僕が過去の書籍で繰り返していることです。

さて、ここまで読んで川久保さんの年齢は、どのくらいだと想像しますか？　見た目はスポーティで、いつもさわやか系の格好で全国を飛びまわっていますが、カテゴリとしてはオジサンと呼ばれる年齢です。ミズノはオジサンたちも、こんな風にみんな元気。一人ひとりが、かっこいい大人なんです。

▼「自治体とミズノのパートナーシップ」とは、どんな仕事？

そもそも、この山形県朝日町とミズノのパートナーシップとは、どんな仕事で、どんなことを指すのでしょう？

川久保さんが最初に考えたのは、地方自治体をひとつのスポーツチームとして考え、ミズノができるあらゆるサポートを提案するということ。ミズノが今まで当然のようにやってきた「スポーツ」の意味合いを、ちょっと変えてみようと発想したそうです。

地域で暮らすすべての人が運動をするわけではありませんが、「でも、考えてみれば働くこともある種のスポーツですし、家事もスポーツ、家から一歩出て買い物に行くのもスポーツ。そう考えれば、朝日町のような自治体でミズノがやれることはいくらでもあるんじゃないかなと思いました」と川久保さんはいいます。

朝日町の場合は特にシニアが多く住む町。ゆえに、シニア層の健康増進に焦点を当て、ウォーキング・ノルディックウォーク・健康体操のプログラムをミズノとして提案していきました。これらは開始してすぐに大変な人気となり、町民が人生を楽しむコンテンツとして機能しています。

もちろん、こういった健康関連イベントをミズノは他の自治体でも過去に星の数ほど開催してきています。でも、それらは、ほぼ単発です。毎年だとしても、それは単発の繰り返しに過ぎません。その点、朝日町の場合は町自体をミズノがバックアップしているので、町全体をミズノが運営しているフィットネスクラブのように捉え、プログラムの継続やミックス、新しいチャレンジや町民の要望に応えることなどを、じっくり足を地につけて行うことができます。

「何よりパートナーシップを結んでいるといいのは、朝日町のような自治体が掲げるゴールにミズノが寄り添えることです。そこに向けてのプログラムやコンテンツを提供することができます。単発のイベントでは共にゴールを目指すといっても、それは表面的な感じになってしまいます」

下請けではないし、単に仲がいい間柄でもないです。朝日町におけるミズノは、行政のビジョンを共有し、町長と共にその達成のために並走するパートナー。行政の一員の位置づけです。町が目指す〝健康経営〟の担当役員であり、実行役という感じでしょうか。

▼ミズノがトップアスリートたちを朝日町に続々送り込む

朝日町とミズノのパートナーシップの中で行われるものでも喜ばれているものは？　そう問うと、川久保さんは即答します。

「なんといっても、トップアスリートたちの講演会です。リオデジャネイロでオリンピックが終わった直後だったのですが、帰国したばかりの柔道・井上康生監督が朝日町を訪れました。第2弾は仁志敏久さん（侍ジャパンコーチ・当時）、3回目は中田久美さん（バレーボール全日本女子監督）、第4回は田中史朗さん（ラグビー日本代表・当時）。500人くらい収容できる町の中心にあるホールはいっぱいになってしまうので、パブリックビューイングを行うほどです」

オリンピックやラグビーワールドカップで日本中の人が毎日テレビで顔を観るアスリートが、それらの大会直後に朝日町にきて講演をするという、このタイムリーさも朝日町がミズノとパートナーシップを結んでいるメリット。これは町民が町をより誇りに思ったり、周辺市町村が朝日町に勢いを感じることに大きく影響しています。

これと同時に、川久保さんも町民の間にミズノファンが増えてきていることを感じています。「相思相愛というか……、なんかもう本当にありがたいですね。朝日町内にスポーツ用品店はありませんが、隣町に出かけてミズノの商品を買ってきてくれます。朝日町を拠点とする企業のユニフォームがミズノに替わるケースも増えています」

▼モノを売るミズノではなく、共に歩むミズノでも成果を

川久保さんは続けます。「私は朝日町にモノを売りに行ったことは1回もありません。でも、町にとっていいことをするようにしていれば、町民から自然と声がかかります」

以前、川久保さんは町長に、「『ミズノさん』と町内の道で声をかけられるようになったら合格点」と話したことがあるそうです。

先日、実際に町に滞在中のときのこと。川久保さんは今風なルックスの若い女性から「ミズノだよね?」と声をかけられたそうです。

「町のなんかやってるんだよね?」

「そうです」

「なんでもできるの？」

「やれることであればやります」

「青年団のお祭りをやるんだけど、手伝ってくれない？」

「いいですよ」

そうした会話から、希望のモノをミズノで企画・販売・フォローをしたといいます。

「若い方だったので、おそらく町の広報誌も見ていないと思うんです。でも、ミズノが町で何か取り組んでいるのを知ってくれている。何かやってくれるのも知っている。そして、声をかけられるくらい近い存在にミズノを感じてくれている」と、うれしそうに話す川久保さん。

朝日町の町長は「健診の受診率をあげるとか、細かいことはいろいろある。でも、そんなことより、マインドや気分を変えたいんだ。みんな行政に参加してほしい。その意識づけをミズノと一緒にやりたい。ミズノがくることは町の誇りにつながる。それがすべて」と川久保さんに話したことがあるそうですが、これに対する川久保さんの想いが興味深いです。

「正直、ミズノがそこまでいってもらえるブランドだと思っていなかったのですが、誇りに思えました」

朝日町は20の区に分かれているのですが、それぞれの区にウォーキングコースがあります。今、そのキロ数の表示板にもミズノのロゴを入れようと話が盛りあがっているそうです。

この本の執筆中、僕のスマホに新たに5年の朝日町×ミズノの契約が結ばれたというニュースが入ってきました。

こういった自治体とミズノのタッグは、山形県朝日町から始まって、今では秋田県大仙市、群馬県沼田市、愛知県尾張旭市にも広がっています。

▼朝日町から生まれたミズノのリンゴ農家専用ウェア

次の第3章のトピックはミズノが力を入れているスポーツ以外のジャンルやワークウェアといった、新しいチャレンジです。

その章に移る前に、川久保さんの朝日町の仕事を、もうひとつ。

朝日町に多いのはリンゴ農家さんなのですが、川久保さんは若いリンゴ農家さんが元気になるようにと町でヒアリングを重ねてきました。

普段はどんな服を着て作業しているのか？　作業が終わったら着替えなくても、そのまま出かけられたら？　子どもたちが憧れるようなクールなウェアがあったら？

それはまさにミズノとブランドアンバサダー契約を結んだアスリートの声を拾うようなもの。

「その対象がプロのリンゴ農家さんになっただけのこと」と川久保さんは笑います。

そこでわかったことは、たとえば雨の日の果樹作業は袖口から水滴が入り、それが脇の下にまわって、非常に不快な思いをするということ。また特定の場所が枝でこすれて、すぐにダメになってしまうということ。

そこでラグビージャージの生地を使うことで耐久性を高め、かつ袖口に水滴が浸入するのを防ぐリストバンドをつけた、リンゴ農家さん専用のプロモデルが完成しました。

これは町内のリンゴ農家さんから「最高！」という評価を得ました。

これを横展開で瀬戸内のレモン農家さんや、ミカン農家さんにも試してもらいましたが、やっぱり「最高！」といってもらえたそうです。


ミズノが農業なんて意外？

いや、意外とスポーツ以外のお仕事もやっているのです。

次の第3章で一緒に見ていきましょう。

リンゴ農家専用ウェアは、ミズノ社員の現場主義から生まれた

袖から水滴が入るのを防ぐリストバンドにも朝日町×ミズノのタグ

特別対談

水野明人 × 村尾隆介

（ミズノ 代表取締役社長）

※この対談は2020年2月に行ったものです。

社会貢献活動だらけなのにアピール下手

水野　村尾さんには山形県朝日町とミズノの提携の件で、大変お世話になりました。本当にありがとうございます。

村尾　とんでもないです。今日はぜひ、社員が知らないようなミズノのトリビアを教えていただけたらと思っています。

水野　「社外秘」ですか（笑）。社長がボンクラで、それがバレないように隠しているかとか（笑）。いろいろと喋ってしまうほうなので、社員はすでに知っているかもしれませんが、どうぞお気軽に聞いてください。

村尾　社長をはじめ、社員のみなさん、胸にＳＤＧｓのバッジをつけていらっしゃいますね。

水野　ええ、全員でつけるように決めました。我々もＣＳＲとしていろいろと取り組んでいるのですが、せっかく国連がこういう提唱をしているのですから、それに則った活動をしようということで。そのほうが世界的に同じ方向を向いていけるだろうと。

村尾　この本でも、ミズノがこれまでたくさんの社会課題に取り組んできた企業であるということは紹介してきました。ＳＤＧｓの17の目標に当てはまる取り組みも、過去も今もたくさんされているのではないかと思います。

アディダスも海洋プラスチック削減への取り組みをアピールしていますので、ミズノも、ぜひ世の中のアウェアネスのためにもアピールしてもらいたいなと思います。

水野　そうですね。そのあたりも例によってアピールが下手なんですが、昔からいろんなことはやってきているんですけどね。

ただ、こうしたことは地道な活動なので、パフォーマンス的にやるようなことでもないなとも思っているんです。

村尾　そうした社会貢献活動のアピールにしても、選手との契約方法にしても、日本と海外とでは全然違っていて、お国柄が出るなと思います。

水野 今でこそそういったプラスチックの問題などがいわれますが、それ以前からグラブの端材をムダなく使うとか、折れたバットでお箸をつくるとか（笑）、ずっとミズノが行ってきたところはあるんです。

村尾 そうですよね。今回の取材でも女性の活躍が進んでいるという話をいろいろな部署の方々から聞けましたので、それもＳＤＧｓでいうところの「ジェンダー平等」ですね。

▼1924年からずっとオリンピック選手をサポートしてきた

村尾 さて、オリンピック・パラリンピックについてお聞きしたいと思います。今回の東京大会は、世間的には滝川クリステルさんが「お・も・て・な・し」といって獲得したオリンピックという印象が強いかもしれませんが、前ミズノ会長の水野正人さんが会長職を辞めてまで招致委員会事務総長として貢献されたということは、あまり知られていません。ミズノとオリンピックの関係について伝えられたらと思っています。

水野 そうですね。まず歴史からいうと１９２４年のパリ五輪から、日本選手に当社の商品を使っていただいたという事実が残っています。南部忠平さんという三段跳びで金メダル（1932年ロサンゼルス五輪）を取った人は、当時当社の社員でした。

古くはそういうところから関わりがあったのですが、やはりいちばん関わり合いが大きく変わったのが、1964年の東京オリンピックからだと思います。

私はまだ15歳でしたが、やはりあの東京オリンピックは、日本のスポーツが成長するきっかけになったと思います。

村尾　私も1988年のソウル大会からオリンピックの開会式に行っています。相当なご縁がありますね。財団ができた当時から、IOCには継続して寄付もしています。金額としては大したことはないかもしれないけれど、非常に長くやらせてもらっているので、感謝しているということはいつもいわれますね。

スポーツメーカーが財団を持っていて、IOCに寄付をしているという例は他にあるのでしょうか。

水野　あまり聞いたことはないですね。スポーツメーカーで財団を持っている企業はいくつかあるのですが、それぞれ助成事業の内容や規模が違いますのでね。

村尾　ミズノとしても各競技団体、協会や連盟へのサポートもされていますよね。

水野 はい。ナショナルチームをサポートする事例もたくさんあります。個人的に商品を使っていただいているのと、両方あるのではないでしょうか。

この夏は14競技15団体。冬はスキー、スケート、カーリングとやらせてもらっています。正直な話をすれば、すべての競技が商売になるわけではありません。でも、そういうサポートをしてほしいというニーズがあるのも事実で、やれる範囲でやっています。

村尾 投資家からすれば、やめてくれというところだとは思いますが。

そこがミズノらしいところです。言葉を選びますが、いわゆるマイナー競技にも手を差し伸べる。外資系メーカーであればマーケットの大きさから判断してやらないかもしれない。また、その競技の用具の専門メーカーがサポートできるのかといえば、国内外含めて、それもやはり難しいでしょう。

水野 そうですね。「マイナー競技」というと、その競技の選手が怒るでしょうが。その選手にすれば、その競技がすべてでしょうから。

村尾 おっしゃるとおり。でも、いつそれらが花開き、人気競技になるかわかりませんよね。たとえば、カーリングみたいに。

水野 カーリングが、あそこまで注目されるようになるとは思っていませんでした。

村尾 ミズノの場合は、南部忠平さんの時代から、社員として働いてもらうことで支援する方法もとっていますね。

水野 そうですね。うちはスポーツメーカーとして〝アスリート社員〟が働いているケースが多いほうだと思います。ミズノ社員として現役時代は主に〝競技〟を仕事として世界で活躍し、競技を引退したら一般社員と同じようにミズノで働くなど、キャリアはいろいろですが、そういうアスリート社員が他の社員と一緒の仕事をしているというのもミズノらしいところでしょうね。

▼野球のピンチに〝野球産業オールジャパン〟で立ち向かう

村尾 野球の競技人口が減少しているといわれますが、社長のお考えは？

水野 それはもう大変な危機感を持っています。先日も高野連（編注：日本高等学校野球連盟）で話を聞いてきましたが、部員の減少、特に1年生の減少幅が大きく、これは大変なことだと……。

軟式にいたってはもう激減ですし、スポーツ用品店での野球用具の扱いもかなり悪くなっていて、隅っこに追いやられているような状況です。これまでスポーツに占めるシェアが大きかっただけに、ダメージも大きいというのはありますね。我々も野球用品の盟主という自負がありますから、何ができるだろうと日々考えています。

そのうちのひとつが「球活」ですね。一般社団法人野球・ソフトボール活性化委員会という法人を起ちあげました。

この本の取材で村尾さんにも会っていただいた弊社執行役員の久保田憲史が代表理事なんですが、うちだけではなく複数の野球用品関連会社が集まって設立しました。

普段は競合していますが、協力し合って野球関係の競技団体の普及促進活動を支援することが目的です。

ミズノだけががんばってどうにかなるもんでもないし、メーカーだけでも、高野連だけでも、NPB（編注：日本野球機構）だけでもダメ。ここは〝野球産業オールジャパン〟で協力して盛りあげていこうというね。まだ試行錯誤の段階ですが、いい成果が出ればいいなと思っています。

村尾 非常に面白いです。日本に野球が普及したのは、ミズノが高校野球の基礎をつくり、ボールの基準をつくり、たくさんの選手たちをサポートしてきたからですよね。

そして今、危機感が高まっている状況で、ミズノが音頭を取って他の競合メーカーにも声をかけて、みんなで野球を活性化させようと。これもここまで語ってきた、ミズノの歴史とフィットするストーリーだと思います。

僕はこれまで、まるでミズノの社員であるかのようにミズノと関わってきたので、講演会やまったくの別件でスポーツ用品店のスタッフや経営者に触れ合うとき、僕が苦情を受けることがあるんです。「野球の用具の値段が高過ぎて、2人兄弟の両方には野球をさせられない」とか。

これは日本に広がりつつある経済格差の問題もあるのかもしれないのですが、「ミズノさんに『何とかしてくれ』と伝えてください」といわれます。

水野　まぁ、そういわれましても、我々も慈善事業ではないので、できることに限度があるんですね。現実的にできることとしては、なんとか小さい頃から手軽に野球に親しめるようにすることなのかなと。そういう意味ではティーボール（編注：バッティングティーに乗せたボールを打つ、野球によく似たゲーム）の普及促進は、全力でバックアップしていきたいと考えています。

ティーボールに熱心な吉村正先生によると、ベースボール型スポーツは道具を使った総合的な運動で、小さい頃からやることで運動神経を発達させる効果が高いのだそうです。ぜひ盛りあげていきたいですね。

▼ミズノの社長の日常は、やはりスポーツ漬けなのか？

村尾　話は変わりますが、グローバルなスポーツブランドの社長さんは、日々どのような時間の過ごし方をしているのでしょうか。読者のみなさんも興味があると思います。

水野　それはもう横にいる秘書のいうとおりにしています。私は操り人形のように、それに従っています（笑）。

……というのは冗談としても、プロ野球のキャンプをハードスケジュールでまわり、選手とお会いして、ということもあります。先日も3日間で飛行機に7回乗せられましたよ（笑）。

普通ではなかなか会うことのできないような選手と会って、いろいろとお話しすることができるというのは、たしかに役得だといえるかもしれません。

先ほどオリンピックの開会式にずっと出ているという話をしましたが、それだって普通ではあり得ないことですよね。

それからゴルフのマスターズと全英オープンにも毎年行っています。仕事として世界のトッププロの勝負を見ることができるのですから、これはもう大変な役得です。私のようなゴルフ好きにとっては、特に。

ただ、最近はゴルフが下手になってきて、ちょっと嫌いになってきているんですが(笑)。

村尾 テレビでスポーツ中継を観ることも多いのでしょうか？

水野 テレビで何かスポーツをやっていれば、大抵観てますね、やはり好きなので。

幅広く、いろんな競技を観ますから、一般の人に比べたら、なんでもちょっとだけ詳しいです。だからそういう浅い知識をちょっとずつ披露する解説者のニーズがあったらぜひやりたいのですが、そういうニーズはないみたいですね。深い知識を求められると困るのですが(笑)。

村尾 スタジアム観戦はどうですか？

水野 スタジアムにも行きますね。国体があれば、必ず行っています。各都道府県をまわる国体も第1回の開催から数えて2周目に入り、役割もだいぶ変わってきました。古くなった施設を大切に使うのはいいことですが、少々老朽化が目立つなだとか、こういう立派なスタジアムがあるのはいいが、どういうコンテンツでいっぱいにするのだろうとか、ついついそんな目で見てしまいます。

そういう意味では2019年のラグビーワールドカップは驚きでしたね。日本戦や、ニュージーランドなどの強豪国以外の試合はガラガラになってしまうのではないかと心配していましたが、いっぱいになりましたよね。

やはりトップアスリートの上質なスポーツコンテンツは〝にわかファン〟をたくさん生み出すんだなと感心しました。はじめはみんな〝にわか〟ですから、それが大事なことだと思っています。

▼選手が金額で他ブランドに移るのは悔しくも何ともない

村尾 僕はミズノウォッチャーを自認しているのですが、ずっと見てきて、また今回いろいろな社員の方にお話を聞いて、「中長期的な視野で物事を見る」とか、「長い時間をかけて人とお付き合いをする」というのがミズノの特徴だなと感じました。

すぐに収益化できなくても、スポーツの普及であるとか、仲間の育成のために時間をかけることをいとわないという。

水野　ちょっとドライになれない、ウエットなところがあるんですね。一度お付き合いした方と長くお付き合いしたいというのは、たしかにあります。向こうは嫌がっているかもしれないけれど（笑）。

だから、引退されてしばらく経っていても、仲よくさせていただいている選手はたくさんいますよね。また、当社と契約する選手には、そういう人格の方が多いというのもあるのではと思います。

村尾　それはとても感じます。お金ありきの契約というよりも、もともとミズノを愛している選手に声をかけている。相思相愛なのが伝わってきます。

水野　当社が契約している選手は、申し訳ないけれども他で払っている金額よりも少ないことが多いでしょう。それでも、使っていただいている。それに応えるには、パフォーマンスがあがる商品を供給することでしかお返しできないんですね。選手も、その時のお金を取るか、それとも自分のパフォーマンスをあげてその世界で稼ぐか、その選択なのではないかと思います。

だから、「契約のことがなければ」という前提だと、トッププロも当社のゴルフクラブを使いたいのだという話は結構聞きます。我々にとってはそこが命です。

村尾 僕の肌感覚では、他ブランドとの契約が切れた世界のサッカー選手が、ラインを塗りつぶして隠してでも履いている、もしくは履きたいスパイクの第1位がミズノのモレリアなんです（笑）。

水野 おお、そうですか。

村尾 あくまでも勝手な「僕調べ」ですが。お金の話じゃなかったら、パフォーマンスであれば、絶対ミズノを選ぶと見ています。

でも、僕も悔しく思うのですが、それまでミズノユーザーだったサッカー選手が、海外移籍してナイキやアディダスになってしまうケースがあります。社長は見ていてどう思われるのですか？

水野 外資ブランドは金額が違うじゃないですか。だから、それで他社に移るのは悔しくも何ともないんです。

ただ、うちのより商品のパフォーマンスがいいから移ったとなると、それは悔しい。

村尾 社長らしいお話で、最高ですね！　仮にその選手が海外挑戦を終えて日本に帰国したとき、「またミズノに戻りたい」といったら、それはウェルカムなんですか？

水野 ウェルカム、ウェルカム！

村尾 いいですね。すごくいいと思います！

▼「曲がったことはしてはいけない」という祖父の教え

村尾 代々伝わる「水野家の教え」のようなものはあるのでしょうか？

水野 教えというか、水野家はわりと堅いんです。創業者の水野利八は、曲がったことをしてはいけないという人でした。物資のない戦時中、材料も何もないのですが、闇のものに手を出してはいけないという厳しい人でした。

私は次男ということになっていますが、本当は三男なんです。戦争中に上にひとり生まれていたのですが、食べるものがなくて栄養失調で亡くなってしまった。それでも闇はいけないという人でした。

村尾 その精神は現在の会社にも流れているのでしょうか。

水野 あると思います。たとえば、ゴルフクラブの話ですが、プロはうちのドライバーをなかなか使ってくれないんですね。なぜかというと、反発係数が0・83以下でなくてはいけないというルールがありまして。ご存知の方もいるかもしれませんが、ドライバーは使っている間に、だんだん飛ぶようになっていくんです。だから、ギリギリにつくると使っているうちに規定を超えてしまう可能性があります。うちの場合は、そうなっても規定を超えないようにつくるから、やはりちょっと飛びが少ないんじゃないかなと。

村尾 そういったミズノの姿勢は、利八さん時代からずっと同じですね。

▼もともと派手で華やかなことができない家系

村尾 「水野家の家訓」について、もう少し伺います。創業者の利八さんとの生活で、記憶に残っている言葉や行動はありますか？

水野 20年間くらいは一緒にいましたが、祖父と孫の関係ですからね、そんなに濃い関係ではありませんでした。猫かわいがりするとか、そういう記憶は全然ないですし、食事のとき以外は書斎でひとりという感じでした。

記憶といえば、毎年5月の祖父の誕生日に、淀屋橋本社の地下にあったレストランに行きました。洋食なんて滅多に食べなかった頃のことなので覚えています。当時の肉が硬かったのか、ちっともナイフで切れなかったという、けったいな記憶があります(笑)。

村尾 面白いですね。ミズノという会社のカルチャーと、水野家の雰囲気でシンクロする部分は、ルールを守るということ以外にも何かありますか?

水野 派手さがないですよね。地味なんです。だから、うちの会社の製品は、性能がよくてもデザイン的になかなか十分でないとか、マーケティング的に下手だとか、何かそこにあんまりお金がいってないとかね(笑)。

どうも地味っぽくて、あんまり派手なことができないというのは、わりあいその家系と似ているかなという感じはしますね。

村尾 すごくいいと思います。それは「奥ゆかしさ」でもあると思うんですよね。本当に「日本のいいところを凝縮した企業」というか。

デザインについていろいろという人はいるかもしれませんが、「ええもん」を追い求めた結果の機能美だと思います。

水野 そう思う人もいてくれたら、ありがたいですね(笑)。

実はずっと昔からうちのファンは「年齢層が高い」といわれるんですね。若者が少ないと。30年、40年前からいわれているんです。でも考えてみたら、当時20歳の人が、今60歳になってうちのファンだということなんですね（笑）。

若いときは、「なんやこれ」って思っていた人が、今うちのファンなんです。ということは、どういうことなんやろうなと。その間に感覚が変わるのか。若いときはあんまりよく思っていなくても、年を取ってきたらそのよさをわかってくれるのか。それはあるように思うし、そうだとしたら悪いことではないなと思いますね。

村尾 山形県朝日町は高齢の方が多いのですが、絶大なミズノ支持が今あります。それと今、外資系ブランドを中心に、ランニングシューズとか、部活用のスポーツシューズとか、かなり価格が高騰しているところもありますね。

その点ミズノは、学生たちにちょうどいいパフォーマンスと価格帯のアイテムがあって、やはり人気があるんです。真ん中の世代が抜けてますけど、上の世代と、下の世代からのミズノ支持率は高いです。

水野 いや、その真ん中が抜けてるというのが悔しい（笑）。

「人は人」、バランスのとれた成長が大事

村尾　経営という観点でも、ミズノは派手を好まず、地道に進んでいる印象があります。

水野　私がよくいうのは、ビジネス誌に派手に取りあげられないようにしようということ。ビジネス誌に載るというのは、巷で「飛ぶ鳥を落とす勢い」ともてはやされるような状態です。大体そういうのに載ってしばらくしたら、今度は「失敗を語る」みたいなコーナーに登場するんです（笑）。全部そうだとはいいませんが、そういう傾向がありますよね。

「山高ければ谷深し」。急成長は非常にいいけれども、やはりリスクもあるんです。それであれば私は、目立たないけれど、いつまでもどこまでも伸びている会社でありたい。

村尾　昨今、特にいわれる「スピード感」という言葉に縛られ過ぎずに、遠い先まで見て、未来像を描けているということですね。

水野　最近は、なかなか難しいことも多いのですけれどね（笑）。

村尾　外資系の投資家などは、結果を早く求めるようにいってくることもあるのではないで

しょうか。

水野　そうですね。そういう立場の違いはどうしてもありますし、完全に一致するということはありませんから。

村尾　それはそうですよね。長い時間のお付き合いを大切にしている、115年以上続く会社なんですから。

朝日町とミズノの提携を発表したときに僕が町民のみなさんにいったのは、家の中を片っ端から探してみてくれということでした。必ず、ミズノの製品がひとつくらい出てくるはずだって。

子どもが大人になっていく中で、身体を動かす中で、何かミズノの製品を使っている。それくらい、ずっと長く続いている会社なんです、と。

水野　企業というのは、やはりずっと継続して、なくなってはいけない。ずっと続けるには、成長・収益・インフラ投資がバランスよくいかないとダメなんです。

急成長というのは、そのバランスがどうしても崩れるんですね。大事なのは、そこをちゃんとコントロールしているかということなんだと思います。

同じ業界の中でも、急成長している会社もあって、比較されることもあるんです。そこで「ミズノは何してる？」という批判をいただくこともあるんですが、それはそれ、人は人。うちはうちなりのやり方をやっていきます。

子どもさんの数が減っている市場環境を考えると、ドンドンと市場が拡大していくような状況ではありません。これはスポーツ業界に限らず、どの産業も直面しています。

そのシュリンクする市場でどうやっていくかと考えたとき、スポーツだけに特化してやっていると難しい面もある。うちにはスポーツで培ったいろんな知見があるので、それを使って、違う分野、違う業種に進出していかないと持たないというのはあります。

スポーツという業種、業界にこだわることはないということで、今新しい領域に挑戦しています。

「やりたいの芽」を摘まずに、社員に勝手にやらせる

村尾　そういったチャレンジ精神や気概を持った社員がいっぱいいるなと、今回の取材で感じました。

たとえば、ミズノとしてスーツをつくって、イトーヨーカ堂さんなど、これまでとは

まるで違う販路に持っていったり、グラブの端材をアップサイクルして財布をつくって、それを大きめの書店に営業をかけ、その文具売り場の近くに置いてもらったり。

国内向けにつくった〈ミズノヘキサスロン〉をベトナムに持っていったり、ブレスサーモ（ミズノが独自開発した吸湿発熱素材）を緩衝材のプチプチにつけてトンネルを乾かすのに使ったり……。

ミズノの新しいチャレンジの数々は、取材していて実に面白かったです。

モノづくり部隊ももちろんですが、今後はさらにミズノの営業部隊も、それに伴い新しい販路開拓などのチャレンジが必要になっていきますね。

社長がおっしゃったような非スポーツのジャンルに向けた挑戦には、社員一人ひとりの応用力が今まで以上に必要、これは間違いないです。こういったことは、どのように社内で伝達して実現したのでしょうか。

水野 伝達といっても「やれ」といわれてすぐにできるものではないし、今挙げてくださったものは、社員一人ひとりがいろいろなことを勝手に考えて、勝手にやったことなんですよね（笑）。

勝手にというと語弊があるかもしれませんが、「やりたい」という芽は摘まない。そこが大事ではないでしょうか。

村尾　たしかに。ヘキサスロンをベトナムに持っていった森井征五さんも、東北をはじめ全国でミズノと地方創生をミックスしている川久保浩之さんも、「勝手にやっとるなあ」と僕から見ても思いました（笑）。

水野　結果的には勝手にやってますよね。ベトナムに持っていけなんて、誰も一言もいっていませんから（笑）。

勝手にやって、結果的にうまくいったケースは他にもたくさんあって、トヨタとのカーボンの件（164ページ参照）だって、私にはそんな発想もなかったし、もう勝手にやって勝手につないであなった。そういうのは多いです。

でも、私が「こうせい、ああせい」といってできるものではないですよ。社員一人ひとりが、今までと違うことをしようと思わない限りは、出てこない考えです。

だから、私としては「どんどんチャレンジしてほしい」というだけですよ。それ以外やりようがないです（笑）。

もちろん中にはダメだったものもあります。でも、チャレンジしてダメだったら、それはしゃあないなと。損することも結構あります。それも、しゃあない。そうでないと、次やらないことになってしまいますから。

村尾　素晴らしいですね。失敗に寛容な文化というのは、取材の中でも何度か出てきていました。

水野　失敗にも種類があります。やるべきことをやらないとか、サボっていたとか、そういう怠慢による失敗は、違いますよね。うっかりしていたとか、同じ失敗を繰り返すとか、そういう失敗はダメです。それはしっかり検証して反省し、違うアプローチをするとかしないといけません。でも、チャレンジしての失敗は、これはしゃあない。

村尾　チャレンジをして、ついに成功したといった「手柄」を社長が耳にされたとき、特別に表彰したりするのですか？

水野　もちろん、します。うちは4月1日が創業記念日なので、その日に「ミズノ百賞」という表彰があります。各部門から推薦されたものに対して、その価値を我々が判断してランクづけして、がんばった人を表彰しています。モチベーションを持ってもらえるようにやっていますね。

村尾　そのあたりを総合すると、ミズノで働く人の資質といいますか、理系文系で違うのかもしれませんが、どんな性格・人柄の人が合っているのでしょうか？

水野　どんな人が合っているのかというのは……わかりません（笑）。わかりませんが、いろいろな人がいるほうがいいですよね。
　とんでもない人もいいのですが、あまり変なほうにとんでもなく行き過ぎるのは、ちょっと困りますね。いい方向にとんでもないのはいいと思います。今のところ、悪いほうにとんでもない人はいないかな（笑）。

村尾　ミズノの「求める人材像」、実に面白いです。きっとミズノへの就職を希望する学生たちにも響くものがあったと思います。今日は本当に楽しいお話を聞かせていただきました。

水野　こんな内容でよかったんですかね？

村尾　社長のお人柄につられて、ついつい僕もフランクに接してしまい、大変失礼をいたしました。でも、きっと水野社長のカジュアルな雰囲気や、経営についてのお考えが伝わる内容だったと思います。今日は本当にありがとうございました。

水野　こちらこそ、こんなありがたい機会をつくっていただけて感謝します。

ミズノ代表取締役社長・水野明人氏(右)と著者の村尾隆介(左)

PART

3

佐川急便は今日もミズノで荷物を運ぶ

それもこれもミズノ製！
つくるからには「ええもん」を

「ええもんつくんなはれや」

この利八さんの言葉には、「良質なものをたくさんつくって、多くの人のもとにリーズナブルに届けよう。そうすることで社会に貢献しよう」――そんな気持ちが込められています。

「家の中を見渡してみて、ミズノ製品はありますか？」という問いから始まったこの本ですが、そのときには答えが「いや、特に見当たりません」だった読者の方も、ここから先の章では、「それもミズノ!?」「そんなところにミズノ!?」となること必至です。

そして、それらはすべてが〝ええもん〟です。

今、品番がついているものだけでも、ミズノが取り扱う商品はなんと約3万点あるといわれています。ミズノのグループ内には〈セノー〉という会社があり、そこではバレーボールのコートに張るネットなどを扱っています。こういったものを含めたら商品の点数はさらに増えます。

取材とリサーチの中で感じるのは、ミズノの商品ひとつひとつには「技術もあるけど、その誕生秘話や、背景にあるアイデアも相当面白い」ということ。

特に僕が好きなのは戦後で物資が足りない頃に、創意工夫のモノづくりで生まれた製品の数々、それでもクオリティを落とさないぞという気概——。

言葉として「ええもん」と社内で語っていただけではなく、歴代の社員全員が、その言葉を理解＋実践していったこと。当然、トップがそれをやって見せたこと。これらの積み重ねが、今日のミズノにつながっている……、そう思わずにはいられません。

また、世間一般のイメージは「スポーツ用品のミズノ」だと思いますが、本章から綴るストーリーの数々に、そのイメージが「〇〇のミズノ」と、何かに置き換わるかもしれません。それもこの章から先の楽しみ方。

そして〝ええもん〟には、見た目やオシャレも入ります。ファッションリーダーとして戦後の日本でトレンドをつくってきたミズノと、そのデザインに関する話にも注目です。

ENJOY!

▼コロナ禍の日本でミズノの異素材マスクが話題に

世界中の時計が止まってしまったかのようだった2020年。企業に関するニュースはバッドニュースと相場が決まっていたコロナ禍で、ミズノはポジティブな話題に溢れ、その勢いと存在感がより大きく見えた数少ない企業のひとつでした。そう、お察しのとおり、その理由はマスク（マウスカバー）です。

本書の終わりでも社長が自らの言葉で語っていますが、「マスクをつくろう」のアイデアは水野明人社長発。スポーツウェアブランドがつくるマスクは、今でこそ「ないものはない」という感じですが、業界でのトップバッターはミズノで、そこは実にスピーディな動きでした。

しかし、単に早かったから話題になったり、売れたのではないと思います。後にも触れますが、ここにはミズノの得意技である〝異素材を用いる〟が大きく関係していると思うのです。

ミズノのマスクの素材には、もともとミズノがつくっていた水着などの素材が使われています。だから、伸縮性に優れ、耳にソフトなフィット感。見た目にも先進的でかっこいい。ポリエステルやポリウレタンなどを編み立てた表生地と、肌触りのいいポリエステルなどの裏生地

コロナ禍で大きな話題となったミズノのマウスカバーは社長の案

による二重構造なので、飛沫の飛散抑制にも効果がある優れものです。
「え？　でも、水着の素材って厚いものもない？」と思われる方もいるかもしれません。いいところに気がつきましたね。もっといえば、このマスクは水着の内側の素材を用いています。想像してもらっていいものかわかりませんが、男性の水着のデリケートな部分に使われているアレ、女性用の水着なら胸の部分の生地です。
発売時に用意した2万枚は即完売、その後の5万枚の発売時にはサーバーがダウンした（ミズノ初のサーバーダウン）というモンスター商品となりました。
「買えない」「見つからない」「サイトで購入時にクレジットカードの不具合が生じる」と、お叱りもたくさん受けたといいますが、みんながマスクを手に入れたいときこそがんばらねばと、各部署から応援社員を出して、マスク専用のタスクフォースを組織化。真摯に、そして丁寧に、お客さまと向き合ったそうです。

このマスクが久々のミズノ製品購入だった人もいっぱい、これが初ミズノだった人もまたいっぱい。どちらにしてもミズノと社会が幅広い接点を持つこととなりました。

その後もマスクは進化を止めず、サイズ展開もデビュー時に比べ増えています。息がしやすい構造はそのままで、素材違いも続々……。

暑くなる頃には、夏のスポーツウェア類に用いていた独自開発でひんやり冷感の〈アイスタッチ〉を織り込んだマスクをリリース。

また寒くなる頃には生地に〈ブレスサーモ〉を採用。あたたかさをマスクにプラスしました。ブレスサーモについては、ミズノの代名詞的な技術なので後ほど触れますが、ここではユニクロのヒートテックと、ざっくりいえば同じジャンルの〝あたたか素材〟とだけお伝えします。

すると、「な～んだ」と、あまりにも日本人に身近な存在すぎて反応が薄くなるかもしれませんが、普段は自慢話をしないミズノ社員も、このブレスサーモを語り始めると、みんな熱くなるという優れものです。

▼ミズノがつくった、ちゃぶ台・まな板・鍋と布グラブ

さて、話が脱線しましたが、戦後ミズノの原点は、このマスクと同じように国難とされる時期に、それまでミズノでつくったことのない製品を世に出すことにありました。

第二次世界大戦が終結し、ミズノはいったん操業を停止します。戦争中はスポーツ用品の需要がなくなり、軍からの注文に応じて生産する軍需産業に徹してきました。だから、戦争の終わりは、事業の切り替えのタイミングでもあったのです。

ここで多くの企業は闇ビジネスに走ったのですが、利八さんはそれを許さず、「闇をせずに業務を行う道を全員で考えてみよ」と命じます。

後に2代目社長に就く健次郎さんは当時、生産の責任者。軍から預かった帆布や木材などの原材料を使い、物不足で苦しむ国民に向けて生活必需品を生産するアイデアを思いつきました。でも、預かっていた軍の原材料を勝手に使うわけにはいきません。原材料を払い下げてもらう許可、そこから生活必需品をつくる許可を得るために、まだ焼け野原だった東京に出向きました。結果はOKということだったので、ミズノは原材料を買い取りました。健次郎さんは、

「これで闇に手を染めなくて済む」とホッとしました。

往復の汽車の中で、生活必需品といっても実際には何が必要で、何がつくれるのかを考えたそうですが、まず着手したのは「食糧を買い出しに行くのに適したリュックサック」でした。戦前に山岳用品をつくったことがあるミズノには、そのノウハウがあったのです。ジャンジャンつくって、公定価格で販売すると、それは飛ぶように売れました。

その流れで他にも、ちゃぶ台、まな板、鍋や釜、そのフタなど……、今日ある「スポーツのミズノ」からは想像できませんが、そんな生活必需品をミズノの工場では当時つくっていたのです。

また戦争が終わったものの、その頃の少年たちの心には、どこかぽっかりと穴が空いてしまった感じでした。それを野球で埋めてもらおうと、ミズノは帆布を使って、野球グラブもつくりました。バットはどこからか棒切れを拾ってきて、削ればそれらしいものができます。ボールは丸い石と靴下でつくれます。どうしてもないと困るのがグラブです。布でつくったグラブを、これもやはり公定価格で販売し、それは全国に広がりました。

このグラブは小説の、そして映画にもなった『瀬戸内少年野球団』の中にも登場します。

▼ミズノが得意な〝日本初〟の中にはボウリング場も

「ミズノは建設業もやっている」と聞いたら驚く人も多いでしょう。

ミズノにはスポーツ施設の設計・施工を行う部署があり、建設現場のプロジェクトを進行することができるのです。実はスポーツ施設の建設はミズノのビジネスであり、得意技なのです。

たとえば、テニスコート、バッティングセンター、ゴルフ練習場、スポーツジム、フットサルコート、陸上競技場、体育館などなど……スポーツを知り尽くしているミズノだからこそできる設計・施工があるのです。212ページではミズノがつくるスタジアムの人工芝づくりと施工について触れますが、それもこの一環です。

また、日本ではじめて近代的なボウリング場をつくったのも、驚くなかれミズノです。これは戦後にGHQから受注をしたものです。

当時のミズノには社員の中にボウリングを知っている人がおらず、見よう見まねで床やピンをつくったといいます。

場所は、大阪・北浜の三越デパート4階。今はホテルとタワーマンションになっていますが、

GHQからも高評価だった、たった2レーンのボウリング場。それはミズノによるものでした。

▼「人の動きを科学する」から佐川急便の制服も手がける

ミズノと僕の関わりを知る人から、「ミズノって、どんな会社?」と聞かれることは少なくありません。

僕の答えは以前から「スポーツの会社って思うでしょ? でも、人間の動き自体を科学している会社なんだよね、実は」と一貫しています。

そして、続けてトリビア的にいっていたのが、佐川急便のポロシャツとハーフパンツはミズノ製だという話でした。

青と白のボーダーのユニフォームは、誰の頭にもすぐに浮かぶし、今日もどこかで目にすると思います。

「佐川男子」という言葉があるくらい(飛鳥新社の同名の写真集も大ヒット)、その仕事姿を魅力的と感じる人も多いのでしょう。その動きも機敏なので、たしかにアスリートのように見えます。もちろん女性スタッフも、みんな抜群に似合っていて、かっこいい! 最近は各家庭

今日もどこかで見かけるはずの佐川急便のポロシャツはミズノ製

でお取り寄せも多いのか、さらに見かけるようになりましたね。

このミズノのユニフォームが宅配便の仕事で必要な機能、動きの研究に基づいたデザインを兼ね備えているのはいうまでもありません。

でも、ここで注目したいのはトレーサビリティ。といっても、素材がどこの国の、どんな生産者からやってきたということではありません。

この佐川急便のユニフォームには1枚1枚すべてにシリアルナンバーとバーコードがついていて、その枚数や保管場所の管理を完璧に行えるようにしています。

品質向上のためにミズノ社内にも佐川急便のユニフォームのサンプルは何着かありますが、それすらも佐川急便はきっちり管理・把握しています。

こういったクライアントからの高い要求に寄り添い、共に〝ええもん〟つくるのがミズノの仕事術。他にも公表できるものをザっと挙げるだけでも、ミズノがユニフォームづくりを担っている企業は〈サカイ引越センター〉〈セブン‐イレブン・ジャパン〉〈竹中工務店〉〈関西エアポート〉などなど。

僕はもともとホンダの社員なのですが、本田宗一郎が「我々はクルマの医者である」とこだわった工場や研究所で使われる白い作業着もミズノ製です。

トリビアとして友人に語れる!? 「セブン-イレブンの配送員の制服はミズノだよ」

サカイ引越センターの制服もカラダの動きを熟知したミズノ製

他にもミズノがつくっている有名企業のユニフォームはあるのですが、残念ながら取り決め上、公にはできないものもいっぱい。聞いたらきっとアッと驚いてもらえるのに……。

▼ワークウェア市場で存在感が増してきたミズノ

工場などで使うワークシューズを、ミズノは2016年からスタート。同じスポーツ用品ブランドではアシックスをはじめ、いくつか先行して参入していたところがあるのでミズノは後発です。

ご存知のようにアシックスとミズノは様々な競技用のシューズの分野で、バチバチ火花を散らして争っています。しかしワークシューズに関しては「スポーツブランド連合」のような意識を互いに持っているというので面白い。たしかに、スポーツブランド系のワークシューズは、従来型のワークシューズのイメージを変え、現場の出入り時に履き替えなくても、そのまま街履きできるほどオシャレ度が加味されています。実際、朝の通勤電車で履いている人を、最近よく見かけます。デザインのみならず、スポーツの世界で培った、その履き心地も支持されている大きな理由。そんな市場を一緒に築いていく同志がアシックスとミズノというわけです。

ミズノでは、それまでゴルフシューズを担当していた稲岡実さんがワークシューズの開発に当たりました。リリースまでに2年を要し、想像以上に難しい仕事だったと振り返っています。

特にアウトソール（靴の裏・地面との接点）が難しい。〝滑らないソール〟と一口にいっても、水・粉・雪・油などワークシューズが対応すべき対象は様々。ゴムの素材・形状・かたさなど、アウトソールには細かな調整が必要となります。他にも働く環境によって必要とされる履き心地・通気性・耐久性が変わってくるため、相当なノウハウがいるのです。

出入りする佐川急便の担当ドライバーさんを捕まえては、シューズの試し履きに協力してもらったりして、ワークシューズの開発を続けていったといいます。

ワーク部門が事業部になったのは２０１９年4月からです。それに先立ち、２０１７年2月からカタログにはワークシューズがラインナップされていますが、今ここはホットな部門。その本気度は人員配置でも明らかです。もともとワーク系の営業に関わっていたメンバーは当初20名足らずでしたが、２０２1年には全国で90名弱の体制に拡大しました。それ以外にもホームセンターや作業服店の担当がいます。

スポーツ用品店の営業から、ワークウェアの営業に切り替える際は、新たなビジネスマナーから、新規顧客のリストづくり、もちろん商品知識からセールストークまで、あらためて学ばなくてはならないことがたくさんあるのだとか。そのあたりはきっちり研修をするそうで、企画生産部隊や社内研究開発チームからの講義も受けるといいます。

100年を超える歴史の中で築きあげたスポーツ用品店のルートセールスとは異なり、ワークウェアのカテゴリではミズノはまだまだ伸びしろたっぷり。基本的に部員は、行きたい会社にどこにでも営業に行っていいし、そこで新しい出逢いもあったりするので、みんな仕事は楽しいようです。

僕も普段の本業は企業コンサルタントなので、年間たくさんの工場や建設業の現場のユニフォーム刷新を手がけます。

最近はミズノのワークウェアとシューズをおすすめすることもあります。「ミズノってワークウェアもやっていたんだ」と、他が使っていない珍しさも手伝って最終的に採用する企業もあれば、社長や意思決定者が学生時代に部活でスポーツを一所懸命やっていて、「そのときのユニフォームがミズノだったから」と燃えた日々を今に照らし合わせて選ぶ会社もあります。ミズノのドクターコートや医療従事者のスクラブもありますし、僕は飲食店もプロデュースすることが多いので、今後はコックコートとかも出してくれるといいなぁ。

いずれにせよ、99ページのミズノの農家さんウェアも含め、ミズノのロゴを社会人生活の中に見る機会が増えたこと、僕はうれしく思います。

そして、話が戻りますが、少しここでアシックスとミズノの違いを。2大メーカーであることは知っていても、「その違いは?」と問われたら、なかなか答えは出てこないと思います。

アシックスはシューズに強く、特にランニングとバスケが得意。〈オニツカ〉のような街履きシューズも、世界中のセレブを含めてファンがいっぱいです。

アシックスはミズノより国際的な会社で、日本の会社でありながら、その売り上げ構成は約7割が海外、国内が約3割と、かなりインターナショナルです。

たしかに、アメリカで僕も走っていると、みんなまわりはアシックスのランニングシューズ〈GEL-KAYANO〉。ちなみに、この名作の生みの親はアシックスの社員・榧野俊一さんです。最近アシックスは野球の用具も自社ブランドで始めました。

対して、ミズノはその正反対で大体30%の売上が海外で、国内が70%。総合スポーツメーカーなので、より幅広いスポーツと商品をつくっています。施設などの運営や建設も多々行い、まちづくりや生活とも距離が近いです。

ミズノはスポーツ用具づくりと開発が軸であり得意なので、スポーツ用品業界では「用具のミズノ」「靴のアシックス」「衣類のデサント」なんて、よくいわれています。でも、なんといってもミズノは幅広くスポーツをやっている〝総合メーカー〟であるところが、いちばんの強みだと思います。

▼「ミズノはダサい」VS「ミズノはクール」の議論は楽しい

ミズノと僕との関わりを知らない人との会話からも、知っている人との会話からも、「でも、ミズノってダサくない？」というフレーズを聞いたことがあります。それも一度や二度ではありません。そこそこの頻度で耳にします。

そんなときに僕は「ミズノのデザインは機能美。機能を追求したカタチと表現なんです」と切り返します。

たとえば、競技にもよりますが、ミズノは日本代表のユニフォームを多数手掛けていますが、国旗のワッペンなどもプリントにすることで「1グラムでも軽く」を追求することは常。国を背負った戦いの一員として、そんなところまでツメているのです。

でも、実際のところデザイン面も、ミズノはどんどんベターになってきています。

すでにスポーツ用品ウォッチャーたちは、それに気づいていますし、ファッションピープル

未来を描くアーティスト・空山基さんがデザインしたシューズ

mita sneakers・２４カラッツ・ミズノのトリプルネームのシューズ

もコーディネイトにミズノのアイテムを取り入れることが増えました。世界のスニーカーヘッズの聖地〈mita sneakers〉とのコラボで街履きスニーカーの分野も最近攻めていますし、懐かしの〈Mライン〉が入った復刻のレトロランニングシューズも人気です。

ミズノのシューズのデザインって、一体どこでどう決まるのでしょう？

「ミズノのデザインセンターは世界にあり、日・米・欧の3カ所です」、こう教えてくれたのは、どこから見てもクリエイターといった風貌のマーク・カイウェイさん。「世界の各拠点で採用されたデザイナーたちが、人種・言語・性別などを超えて、アイデアをぶつけ合う形で、戦略的な製品のデザインを決めていく体制に今はしています」と続けるマークさんは実に忙しそう。

実際、海外出張、海外転勤も多い部隊だといいます。今後もますます期待大なデザイン面。僕は80年代の古着のビンテージミズノをネットで集め、新しいものと組み合わせたコーディネイトも楽しんでいます。

さて、オシャレなミズノにまつわる話で、コラボレーションや別注モデル、ライセンス商品についても少し。過去に、ミズノが〈ランボルギーニ〉や〈エンポリオ アルマーニ〉のロゴが入ったシューズを出していたことは、あまり知られていません。旬なブランドとのコラボも盛んで〈MILKFED.〉や〈beautiful people〉、また〈MARVEL〉や〈STAR WARS〉のライセンス商品も展開しています。

〈ジャンフランコフェレ〉のゴルフラインもミズノが長年やっていました。未来を描く芸術家でソニーの初代〈aibo〉のデザイナーとして有名な空山基さんとつくったシューズなんてアートです！

ウェブサイトを小まめにチェックしていると、「そうきたか！」というサプライズ的な他ブランドとの共演が頻度高く発表されます。これもミズノをフォローする楽しみです。

▼ミズノは戦後の日本におけるトレンドセッターだった

「次にほしいアイテムはボストンバッグ」という会話は、今日の若い世代の間でも普通に交わされます。肩にもかけられるし、手でも持てる。ジム通いや1泊の旅行などに適したボストンバッグ。実はこれ、ミズノが日本で始めたもの。その名づけ親でもあります。意味は特になく、利八さんが語呂的にいいと、そうネーミングしました（笑）。

また西日本エリアでは襟つきシャツ、いわゆるワイシャツのことを「カッターシャツ」と呼ぶ人がいます。若い世代でもそれは見受けられ、僕も先日鳥取在住の20代の方と会話をしたときに、その単語が彼女から出てきました。このカッターシャツもまた、ミズノが日本に浸透させた言葉です。

これもネーミングしたのは利八さん。利八さんはあるとき、新発売する襟つきシャツの商品名に悩みながら野球の試合観戦に行きました。

そこで目撃したのは、試合終了後に「勝った！　勝った！」と喜ぶ観客。

その言葉に「縁起がいいな」と思い、カッターシャツと名づけたそうです。

そして、発売後から学生たちの間で人気爆発。すごく売れたといいます。

前に「ミズノのデザインに今後も注目」という話をしましたが、実は戦後の日本におけるトレンドセッターはミズノだったのです。

さらにさかのぼれば、創業直後の大阪でも、利八さんがアメリカなどで流行しているスポーツウェアを参考に、新しいファッションを次々と取り入れ、ミズノはそれを当時のアスリートたちに提供していたという記録が残っています。その頃からアンバサダー契約のようなものをやっていたのですね！

カッターシャツと名付けたミズノ。当時の広告は今見ても斬新!?

PART

4

ミズノが“柔らか”なバットでヒットを放つ

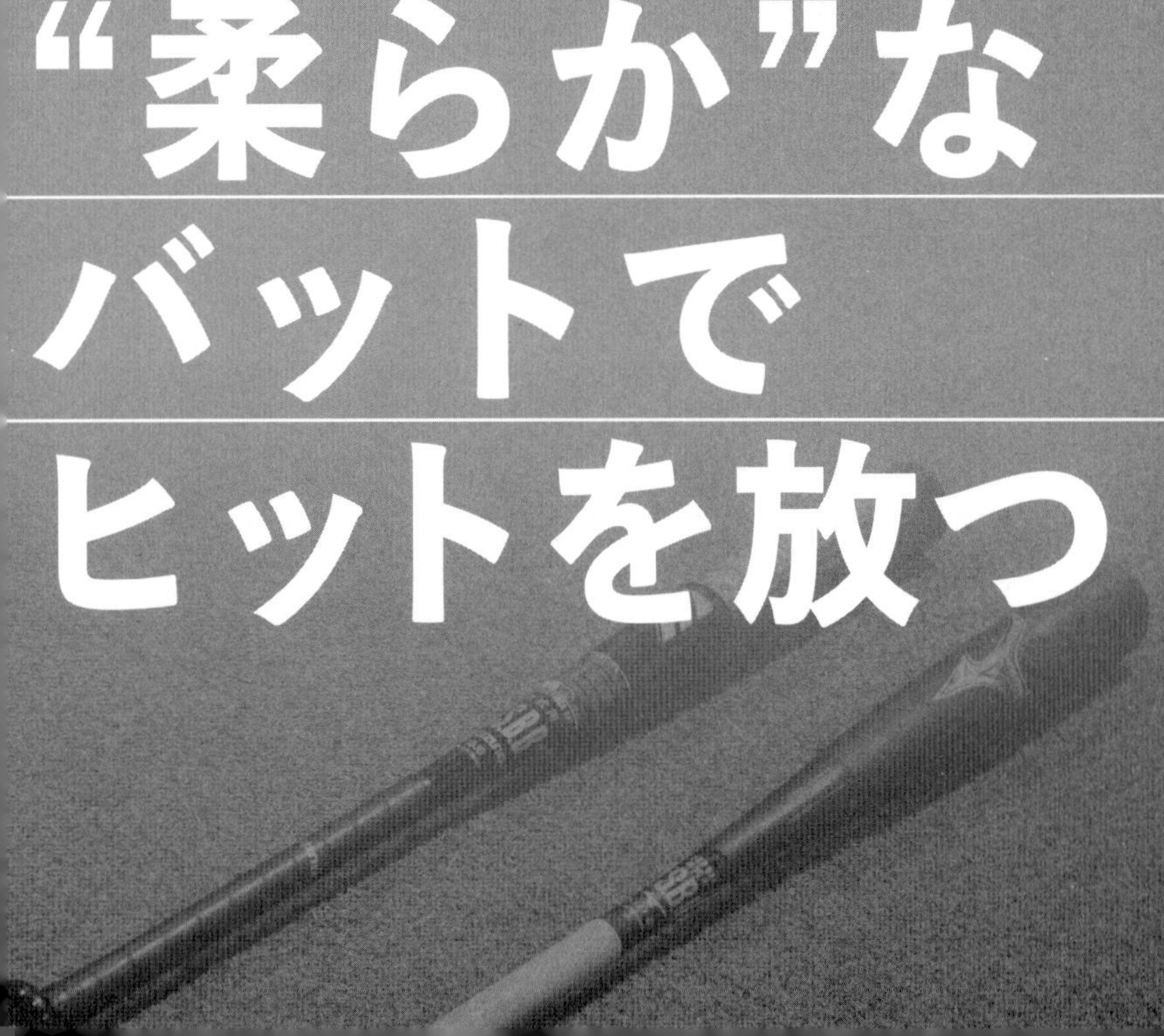

何かに異素材を用いる それがミズノの仕事術

ミズノにはユニークなクセのようなものがあります。

そのひとつは「異素材」を試したがるというクセです。

原点には戦中・戦後に痛いほど向き合った「資源のない日本」という現実、その中でアイデアを出して乗りきったモノづくりの経験もあるのかもしれません。

パッと挙げるだけでも、革の代わりに布を使った野球グラブ、それまでとは異なる素材のスキー板、新しい金属のゴルフクラブ、前章の水着素材のマスクもそうですね。

そして、この章にもありますが、その果てには新しい素材自体を研究し、自分たちで開発・加工をするということもミズノが熱心に取り組んでいること。僕は「素材のミズノ」や「科学のミズノ」と呼んでいいのではと思っているくらいです。

また特筆すべきは、ミズノの風通しです。「異素材を組み合わせよう」と口でいうのは簡単ですが、大きな組織になればなるほど、各部署で何をしているかが見えず、企業はタテ割りになりがちです。

ミズノが異素材の組み合わせや、異なる事業のミックスで新しい価値を生み出すことを次から次へとこなせるのは、伝統的に部署間のコミュニケーションが円滑であったり、「今、会社で何が起きているのか?」に各社員のアンテナが立っている証拠でもあると考えています。

そのことを社員の方に問うと、「そうかもしれません。それもあるけど、実際は『これ使ってみな』と、いい意味でおせっかいな人が多いのだと思います（笑）」と笑い飛ばしていました。

また、ある他の社員は、「総合的にスポーツをやっている強みを活かしているのだと思います」と。たしかに、その〝仕事の幅〟があるからこそ〝なせる業〟ですね。

素材や異素材の組み合わせのみならず、そんな企業文化も感じながら、ぜひ第4章をお楽しみください。

▼新素材や異素材が大好物！　科学オタクのルーツは2代目

ミズノのＤＮＡを語るときに登場したのは、決まって創業者・利八さんでした。信用を重んじた人付き合いと、「ええもん」と信頼される商品。そしてマクロ的な目線で時代と社会を捉える力。

大正から昭和にかけて日本にスポーツを根づかせながら、スポーツのミズノというブランドを確立したのは、間違いなく叩きあげの商人・利八さんの功績でした。

そこにミズノのもうひとつの特徴である、「科学」を持ち込んだのが2代目社長の健次郎さんです。

昭和初期、できたばかりの大阪帝国大学理学部化学科で学んだ健次郎さん。物理化学、有機化学といった基礎研究を学び、卒業研究は「炭素繊維」だったといいます。

その後、すぐにミズノが炭素繊維（カーボンファイバー）の事業に着手するわけではありませんが、すごい偶然があるものです。たまたま健次郎さんの専門だった炭素繊維は、今日のミズノが世間から一目置かれる得意技やビジネスの柱のひとつとなっています。

いずれにせよ、ミズノにサイエンスの土壌をつくった健次郎さん。それは健次郎さんの時代に生まれた、あのミズノのシューズのラインにも表れています。走る鳥から生まれたわけではなく、あれもまた科学から生まれたものなのです。

ミズノのランバードマークは「走る鳥」ではない!?

健次郎さんはミズノに入社する前、当時古河電工の子会社だった大日電線に就職。電線を覆うのに使用する天然ゴムの国産化を研究していました。

健次郎さんがミズノに入社したのは1942年。その頃のミズノは軍需産業にひたすら突き進んでいた時期でした。そして、戦況が悪化するにつれて物資が枯渇していき、終戦後は前章にあった、鍋やちゃぶ台など生活必需品を製造するミズノにシフトします。

その後、日本はミラクルともいえる経済回復を果たし、ミズノも本業＝スポーツ用品の会社として再び輝きを放つようになっていきます。

科学の人である健次郎さん。ミズノでは素材の研究開発と、それをスポーツ用品へ応用することに熱心でした。また、それができる人材を重用し、研究開発費用をかけることを惜しみませんでした。

そんな健次郎さんが残した偉大な科学的な功績をひとつ。

ミズノのシューズにデザインされている〈ランバードライン〉についての逸話です。

現在、ブランドを象徴するマークとしてすっかり定着していますよね。

でも、実はそれほど歴史的に古いわけではありません。1970年代のミズノのシューズは、モデルによってラインのデザインがバラバラ。統一感がありませんでした。特に海外展開をしようと外国人と商談を進めると、その統一感のなさを指摘されることが多かったといいます。

それが段々と「シューズの両サイドにM」で揃いはじめ、1980年代には通称〈Mライン〉が国内外でミズノのアイデンティティとして定着しました。

また、こんなこともありました。〈Mライン〉とは、また異なる「ミズノのM」をシューズの側面につけたところ（モノグラムMという意匠）、なんとアディダスが「うちの3本ラインに類似している」と指摘。欧州特許庁がそれを認め、欧州での販売は禁止となったのです。

こうした経験から、新たに「世界で統一したミズノのシューズにデザインするラインを考えよう」というプロジェクトが起ちあがりました。

アイデアはいっぱい出ましたが、実はスポーツシューズに入っているラインというのは単に

明日への栄光を支える
〈Mライン〉スポーツシューズ
●Mラインスポーツシューズは
運動力学、人間工学、生理学的研究に基づいて
設計された科学のスポーツシューズです。
●Mラインスポーツシューズは
80名を超えるプロから成る美津濃アドバイザリースタッフと
トッププレーヤーのアドバイスに基づいて
創られたスポーツ専用シューズです。
●Mラインスポーツシューズは
美津濃の総合技術開発力を駆使して生産された
革新的スポーツシューズです。
●Mラインとは
美津濃がスポーツマンの期待と信頼にこたえる
責任のしるしです。
MIZUNO

〈Mライン〉はミズノのシューズブランドの名前でもありました

デザインや差別化のためのものではなく、シューズ自体の補強や伸びてしまうことの防止など、形を保つことに用いられるものなのです。それがゆえに、スニーカー愛好家には知られていますが、各スポーツブランドのシューズの側面に入ったラインは「フォームストライプ」とも呼ばれています。

補強という観点で考えると、どうしてもデザイン案は似たり寄ったりになりがち。このプロジェクトでも180個ものアイデアがボツになりました。

このプロジェクトの期限であった「1983年までに」は、すぐそこに迫っていました。ちなみに、健次郎さんは子ども時代から大好きな天体観測を趣味としていました。父の利八さんは「健次郎、星は何億年も光を失わずに輝いている。それに比べれば、人間の一生は短いもんや。星を見ていると人の気持ちが大きくなるで」といって、双眼鏡を買ってくれたといいます。

日々宇宙を見つめていた健次郎さん。ある日、次のようなひらめきを得ます。

「宇宙には無限の広がりがあって、エネルギーを蓄えて発している。惑星は、自らのエネルギーで無限に軌道をまわっている。スポーツも、そんな風にどんどん広く普及していってほしい。ミズノも力を蓄えて、発揮していけるように」

英国のクロージングデザイナー、マーガレット・ハウエルのモデルも

──惑星の軌道！　このキーワードがチームにインスピレーションを与え、この「新たなるミズノのシューズのラインを考える」というプロジェクトのコンセプトが固まっていきます。

それが今日、街を歩けばすぐに見つけることができる、あのミズノのシューズのラインです。シューズに配置してみると、鳥が疾走しているようにも見えました。そこで「ランバード」という愛称も生まれました。でも、それはあくまでも後からつけた名前であって、もともとは健次郎さんがいった「惑星の軌道」という言葉から誕生したデザインだったのです。

ちなみに、146ページでも触れましたが80年代のアイコンであった〈Mライン〉のシューズもタウンユースなミズノのスニーカーとして、

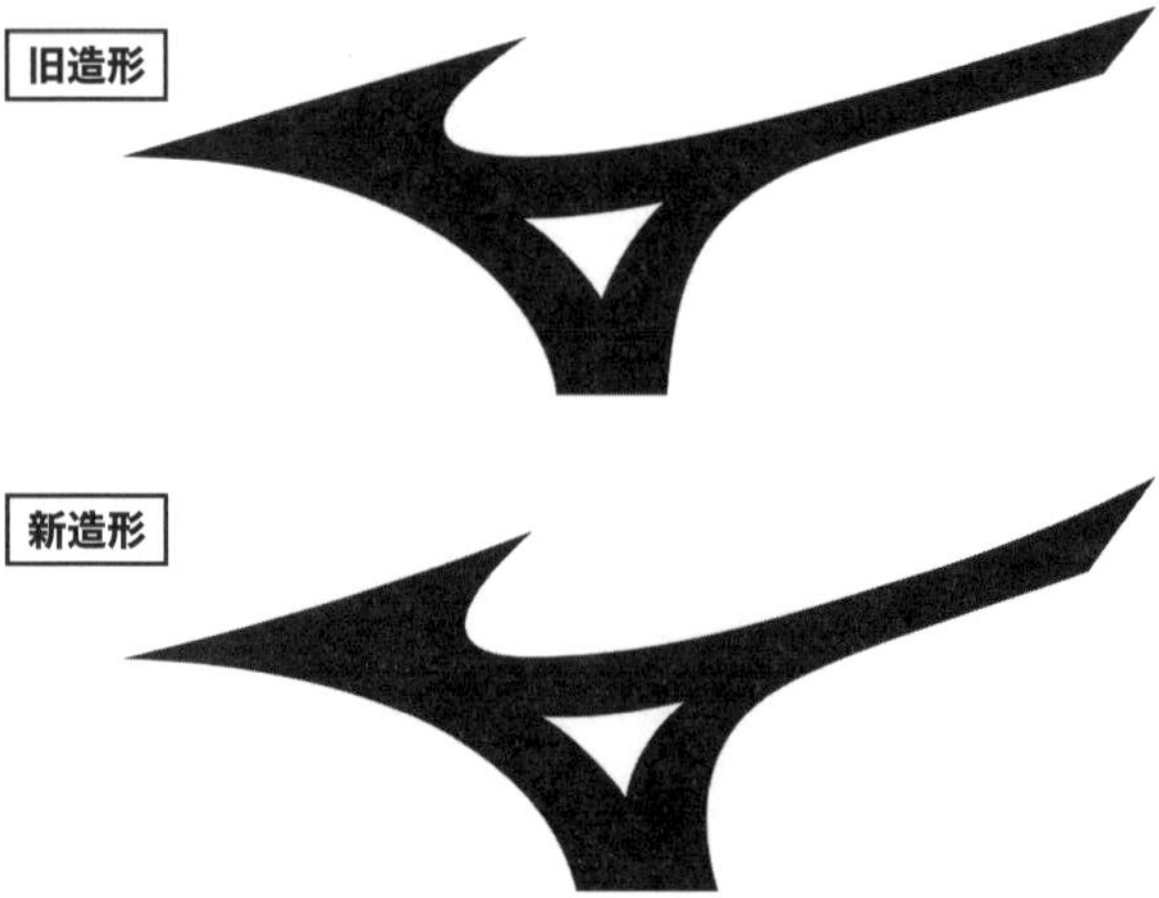

見分けられたらミズノマニア？　密かに変化したランバードライン

2017年から復刻。英国のクロージングデザイナーであるマーガレット・ハウエルもミズノにスペシャルオーダーをするほど、オシャレさん御用達アイテムとなっています。

そして、これを読んで「あれ？　でも〈ランバード〉って文字としてのロゴも実際あったし、あれも1ブランドとして存在していなかったっけ？」と思われる方もいらっしゃるでしょう。あなたは相当なミズノウォッチャーです！　そう、その後〈ランバード〉はミズノのシューズを軸にウェア類も展開するブランド名となり、たしかにそのロゴも存在していました。現在そのブランドはありませんが、ミズノのシューズをつくる専門の工場は今も〈山崎ランバード工場〉と名前がついています。

ちなみに、あのランバードのラインも時代と共に微妙に変化しています（右ページ参照）。よりシャープに進化しているのですが、これが見分けられたら、もはやミズノマニアです。

カシオの〈G-SHOCK〉のバンドはミズノ製カーボン

「ミズノ？　持っていないなぁ」。腕にカシオの〈G-SHOCK〉をつけながらそう語る人がいますが、それミズノ製です（笑）。

ミズノには「素材の会社」という顔があります。中でも元気なのが、前述した健次郎さんの研究テーマでもあったカーボンファイバー（炭素繊維）に関連したビジネス。

ここはぜひとも、入社以来ずっと養老工場でカーボン一筋の相澤克幸さんにお話を伺いましょう。

相澤さんが属するのはＦＲＰ事業部。ＦＲＰとは「繊維強化プラスチック」の略称で、ガラス繊維や炭素繊維に樹脂をミックスさせた、とてつもなく軽くて強いプラスチック素材のこと。カーボンＦＲＰとも呼ばれます。相澤さんが入社した当時は、ちょうど養老工場が、それを製造・加工できる機械を導入した頃だったそうです。

素材の会社の顔を持つミズノは〈G-SHOCK〉のバンドに貢献

現場の先輩だった樋口良司さん（元ミズノ顧問）の、「これからは、この機械でどんどん面白いものをつくるぞ！」という号令に惹かれ、一所懸命ついていき、マニアックなまでの加工技術を引き継いだといいます。

カーボンＦＲＰは、ずっと前から東レや帝人といった日本の素材メーカーが開発してきましたが、その普及や改良には〝スポーツ用品のミズノ〟が大きく貢献したそうです。

カーボンＦＲＰという素材を素材メーカーから仕入れ、ミズノがゴルフクラブのシャフトやテニスラケットに用いることで一般のエンドユーザーがそのよさを実感。当時は飛ぶようにゴルフ用品もテニス用品も売れていたので、短いサイクルで次々にミズノは新商品を投入することができました。その都度カーボンFRPに改良が加えられたため、結果としてミズノはこの素材の進化と浸透に自然と一役買うこととなったのです。今でこそ「カーボンっていいよね」で世間の意見は一致していますが、その始まりはこんなところにあったのです。

しかし、日本が不況に陥り、ゴルフ・テニス用品の需要も低下。2000年代に入ってから、養老工場のFRP事業も発想の転換が求められました。

「これからはカーボンでスポーツ用品以外の何かをつくりなさい」という本社からのお達しに動揺を隠せない社員もいたそうですが、相澤さん自身は「それほどスポーツにこだわりがなかったので柔軟に切り替えられました」と、柔らかな口調で教えてくれました。

当時、技術部課長だった相澤さん、半分の時間をそれまで同様カーボンを使ったスポーツ用品の開発に費やし、もう半分の時間は養老工場（この頃ミズノテクニクスに名称変更＋別会社化）の未来のために「カーボンを用いたスポーツ用品以外の製品」の開発や営業に精を出しました。

「軽くて丈夫」という特性を活かしてつくったのは、たとえば高速道路の料金所で見かけるETCレーンのバー。少しの風でもまわる方がいいので、発電のための小型風車もつくったし、車いすのホイールや弓道の弓矢もカーボンにしました。スポーツで培ったカーボンづくりの技術を応用し、それまでお付き合いがまるでなかったジャンルが異なる業界から多種多様なオーダーを得ることに成功しました。

意外なところでは日本が世界に誇るベストセラー商品、カシオの〈G-SHOCK〉。あの腕時計のバンドとして使われているのは、なんとミズノのカーボンバンドです。

柔軟性があまりなく、繊維と垂直方向の力には非常に脆いため、カーボンは時計バンドの素材には不向きとされますが、ミズノは様々な工夫で強度向上と切れにくい強靭な構造を実現しています。

「落としても壊れない丈夫な時計」がウリのG-SHOCK。カシオ社員の「カシオの社屋の3階から毎日地面に落としてテストした」という開発秘話は、繰り返しメディアを通じて報じられ、今では世界が知るエピソードとなっていますが、その頑丈さのひとつには、実はミズノもカーボン技術で一役買っているのです。

▼トヨタの〈MIRAI〉と一緒に走るミズノ

トヨタの〈MIRAI〉というクルマのことを、すでにどこかで聞いたり、街で見かけたりしましたか？　まだだったとしても、ガソリン車の時代が終わろうとしている今、今後は頻繁に〈ＭＩＲＡＩ〉を見聞きするでしょう。

ハイブリッド車の〈プリウス〉で世界から拍手を受けたトヨタの次の一手。〈ＭＩＲＡＩ〉は水素で走る燃料電池車（ＦＣＶ）として、世界初となる量産車です。

このクルマの走行時に発生するのは水蒸気だけ。マフラーからは、そのまま人間が飲んでも無害な水しか出ません。実際、それを僕は飲んだことがあります。

つまり、大気汚染や温暖化の原因となる二酸化炭素（ＣＯ２）をはじめ、地球へのダメージとなるものを一切排出しない、「脱炭素時代の日本」で、もっと増えたほうがいい未来系のクルマなのです。

そんなＭＩＲＡＩの心臓部である燃料電池。単に自動車が動く上で重要というだけではなく、大袈裟にいえば世界の環境問題を左右するほど注目が集まるパーツですが、そこに使われているのはミズノのカーボン。水素を貯蔵するタンクの外殻部分に使用されています。

2社ともに日本を代表するグローバル企業ですが、またどうしてスポーツ用品メーカーと自動車メーカーが水素カーで協働することになったのでしょうか？

最初に話が持ち込まれたときは、正直どこまで本気でクルマの会社がミズノと会ってくれているのかわからなかったという相澤さん。「そのときのトヨタさんからの要求が、とてつもなくレベルが高いもので、逆にそれが開発者魂に火をつけました」と、昨日の出来事のように目を輝かせ、当時を振り返ります。こういった高い要求に応えることで、ミズノは、また一段技術があがるなとも思ったそうです。

ＭＩＲＡＩの同じ部分の仕事で競合する会社もあったのですが、結果トヨタはミズノを選択。その性能が認められたのは、ミズノがカーボン素材の取り扱いだけをやってきたわけではなく、カーボン素材でゴルフクラブのヘッドなどを散々つくってきたからこそ、こうしてカーボン業界でも先頭集団を走れているのではないかと思います。

道でＭＩＲＡＩを見たら、一緒にいる人に教えてあげてほしいです。

「あのクルマのタンクの素材、ミズノなんだよ」と。

▼厚底ランニングシューズ時代にミズノの答えは？

新素材好きのミズノを語る上で〈MIZUNO ENERZY（ミズノエナジー）〉というシューズのソールに用いられる素材は外せません。

２０２０年デビューの超力作の新素材で、今はミズノのランニングシューズやウォーキングシューズを中心に搭載されています。

これをシューズのミッドソール（靴のクッション部分）に使えば、ミズノ史上最高の柔らかさと反発力を発揮。歩く・走るなどで足にかかる力を柔らかさで吸収するのは当然のこと、それを〝次の一歩〟を踏み出す力に変えるという発想で開発されています。

要は「柔らかさと高反発をミックスしたソールなら、より少ない力で人は動けるはず」ということです。「全部エネルギーに変えろ。」というキャッチコピーが、すべてを語っていますね。

〈MIZUNO ENERZY〉という素材は、他にも〈MIZUNO ENERZY LITE〉と〈MIZUNO ENERZY CORE〉の2種が横展開で存在しますが、その中で最も柔らかさと反発性に優れたものは最後に挙げたコア。従来のミズノの素材に比べて柔軟性で約２９３％、エネルギーの反発力で約56％勝るという、とてつもない数値をマークしています。

現在はランニングシューズとウォーキングシューズを中心に使われていますが、推進力や跳躍力があればあるほどいいバレーボールやハンドボールのシューズにも適しています。今後はミズノの様々な競技のシューズへの搭載が予想されます。

話は変わりますが、２０２０年、新型コロナウイルスが日本に広がる数カ月前の箱根駅伝を

2020年のお正月を賑わせた謎の白いシューズは反撃の狼煙

覚えていますか？　最終の10区で区間新記録を出し、シード権を勝ち取ったのは、創価大学の嶋津雄大選手。

近年の箱根駅伝で各区の区間賞を獲るのは、ほとんどナイキの厚底シューズを履いた選手。その中で嶋津選手が謎の真っ白なシューズで10区をぶっちぎったという衝撃は、正月休み中ずっとネットを駆け巡り、しばらく市民ランナーの間では、会えばそのシューズの話で持ち切りでした。その嶋津選手が履いていたのが、〈MIZUNO ENERZY LITE〉を搭載した、後に発売されるミズノの新ランニングシューズ〈ウエーブデュエル NEO〉のプロトタイプだったのです。

ミズノは箱根駅伝のスポンサーなのに、と、他社のシューズばかりが勝つことを悔しいと思っていた社員も少なくないといいます。僕の自宅周辺を担当する佐川急便のスタッフさんも、いつも僕と会えばスポーツシューズ談議をする仲なのですが、「ミズノに勝ってほしいっス」と常に話していたので、このニュースはちょっとしたお年玉でした。

ちなみに、このお正月からおよそ半年後、一般向けに同モデルが販売されたときは、どこのお店も予約で完売だったり（試し履きもしていないのに！）、抽選だったり。市民ランナーの間では、さながらミズノ祭りでした。

他ブランドの厚底シューズは文字どおり〝厚底〟。ちゃんと使いこなすためには、そのためのカラダづくりが求められます。靴の性能を引き出すための筋肉をつけなければいけません。

しかし、このミズノの新兵器を履きこなすのに、それは必要ないのです。この靴は紛れもなく「厚底時代におけるミズノの回答」なのですが、ユーザーとしての僕の感想は「これは厚底であって厚底ではない」……、実にミズノらしいユニークな答えだと思います。

このシューズの特設サイトが、またかっこいいんです。

そこには一言こう書かれています。「ミズノ　本気の反撃」。

▼ミズノをワールドワイドにしたのは高級木材ヒッコリー

素材といえば、利八さんの社長時代にミズノの名を全国に知らしめた原動力「ヒッコリー」を抜きには語れません。

北米産クルミ科の木材であるヒッコリーは、ミズノに大きな恩恵をもたらしました。その感謝の気持ちを忘れないため、養老工場には「ヒッコリールーム」という名のＶＩＰルームがつくられ、それは今も存在します。

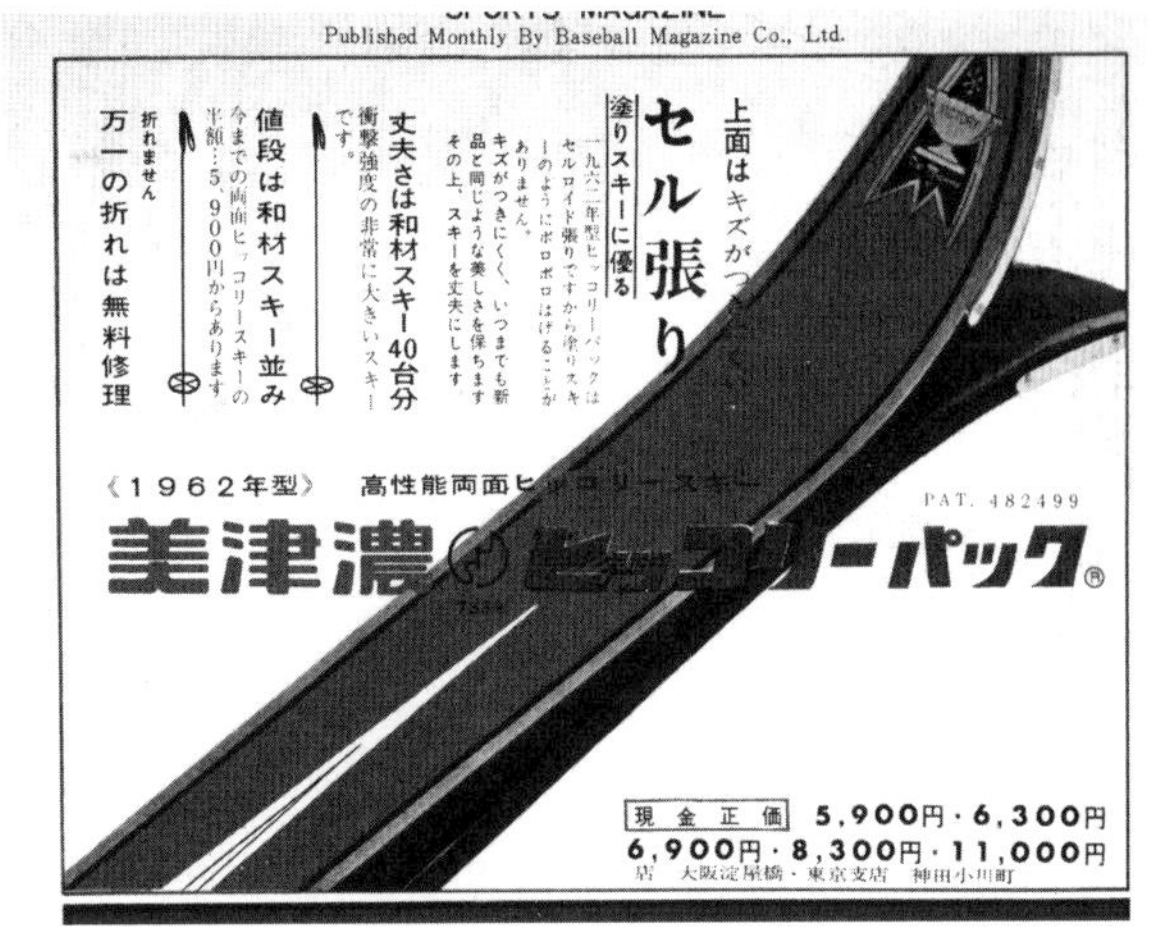

ミズノの歴史の大きな1ページ。ヒッコリーを使用したスキー板

ミズノとヒッコリーの関係は、まずスキーから始まりました。1920年、当時スキーのトップメーカーだったスウェーデンのサンドストラム社と、日本における総代理店契約を結んだミズノ。その最高級品がヒッコリーで、スキー板が1セット30円。その当時の日本製スキー板に使われていたのは一般的にサクラやトネリコなどの材料だったのですが、それらは高くても5円。それほどの高級品だったわけです。

1923年、すでに皇室御用達だったミズノは「スポーツの宮様」として知られる秩父宮様に、このスキー板を献上しました。そして問われたのが、「これくらいのものは日本ではできないのか」でした。

そこから利八さんによる日本製ヒッコリース

キー板開発プロジェクトが起ちあがりました。研究者、職人、アスリートまで、ありとあらゆるスキー関係者から情報を得て、ようやく3年後に日本製のオールヒッコリーのスキー板が完成。25円と高くつきましたが、サンドストラム社の最高級品と遜色ない性能です。そしてサンドストラム社のものより少しだけ安かったため、スキー愛好家の間で大ヒットしました。

その後はスキーのみならず、テニスラケット、ゴルフのシャフト、合板バット、体操器具と幅広く、ヒッコリーは30年間近くミズノ製品の〝主役素材〟として使われ続けてきました。

利八さんは1920〜30年に欧米を視察した際、ヒッコリーの種を持ち帰り、芦屋の自宅に植えました。立派な木に育ったのだそうです。

▼チタンもカーボンもゴルフクラブ革命はミズノから

かつてはヒッコリーだったゴルフクラブのシャフトが、その後スチールに替わったように、ゴルフ用具には次々と新素材が導入されるのが常です。前述の欧米視察で、アメリカのスポーツ用品市場における売上の半分がゴルフ用品であることを知り、利八さんは日本でもゴルフが流行すると確信。帰国後、ゴルフクラブの大量生産を準備します。

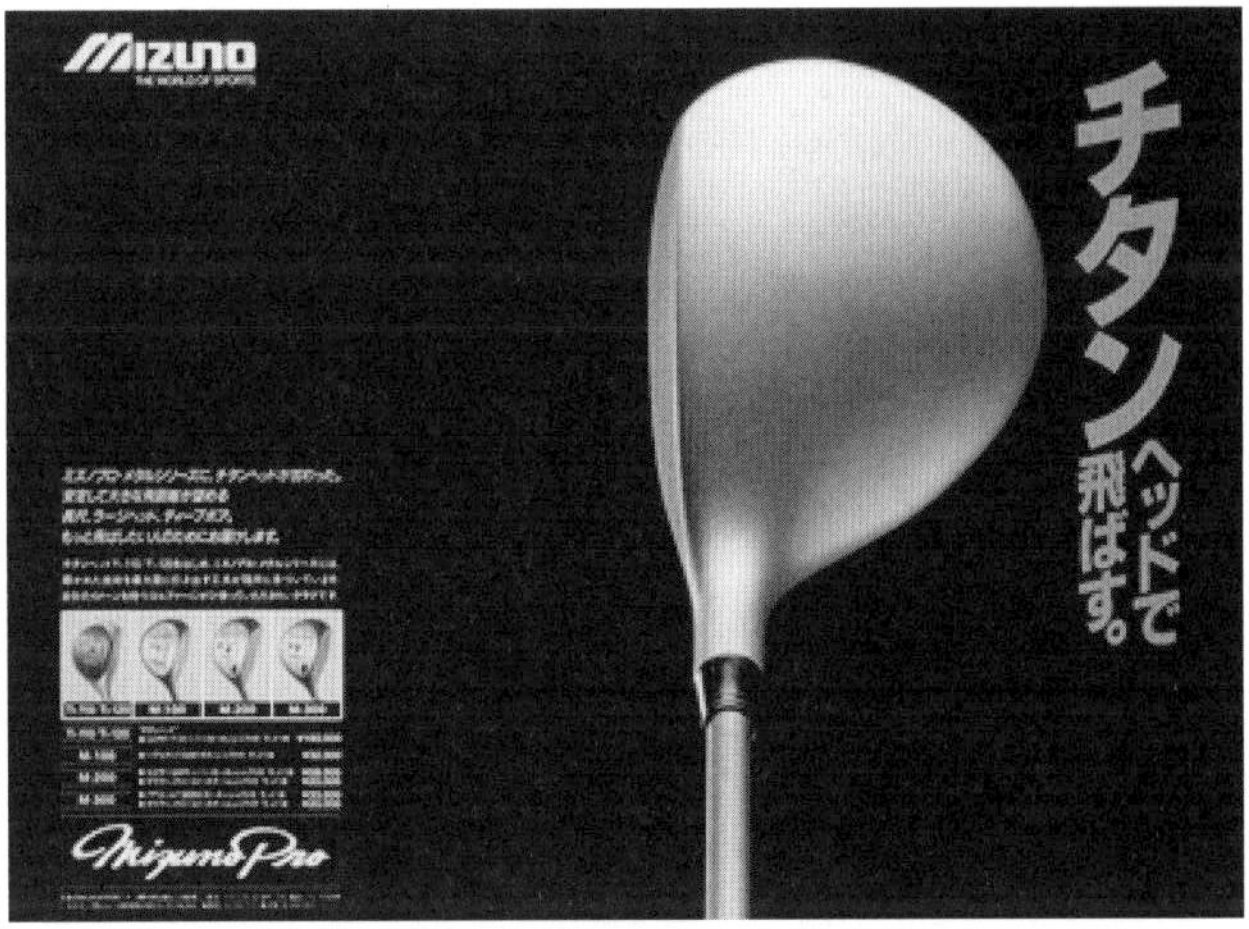

今ではゴルフ業界の常識であるチタンの使用も、始まりはミズノ

１９３３年に、はじめてのゴルフクラブのセットを〈スターライン〉の名で発売し、以来ミズノのゴルフクラブづくりは今日まで続いています。いや、ただ続けているのではありません。ゴルフクラブの世界に素材革命を起こし続けているのです！

１９６２年に発売されたドライバー〈インペリアル〉には、フェース部分に象牙を貼りつけました（今では考えられない発想！）。

１９７３年にリリースした〈プラズマ〉は、輸入したカーボンＦＲＰを早くもシャフトに使いました。

そして、１９８２年には世界初でカーボンのヘッドを搭載した〈バンガード（米国ではアルタワンド）〉を発売。これは大ヒットとなりました。

ボールを遠くに飛ばすためのゴルフクラブ（1W〜）を「ウッド」と呼びますが、由来はクラブのヘッドを、このバンガードの登場までは、どこのメーカーもパーシモン（柿の木）でつくっていたから。ゴルフ界では、それまで「パーシモンは代替えできない」が通説だったのですが、ミズノがあっさりそれを新素材で覆し、以来本当の意味での〝ウッド〟は急激に消えてなくなり、その名だけが残りました。

そして、自ら起こした革命を、またミズノは1990年に自ら更新。ゴルフ界のゲームチェンジャー、世界初のチタンヘッドのドライバー〈ミズノプロTi〉の登場です。今でこそチタンを使った何かしらは、メガネなどを含めて周囲を見渡せば簡単に見つけることができますが、その頃はまだまだレアメタル（チタンは本当にレアメタルです）。製造が難しいけれど、軽くて丈夫なチタンでドライバーのヘッドをつくれば、軽い分サイズを大きくできる。クラブヘッドを大きくすれば、ボールを芯で捉えるスポットも大きくできる……というのがミズノのアイデアでした。今、国内外のゴルフ場でメーカー問わず、チタン以外のドライバーを使っている人を探すのは至難の業です。そのくらいミズノの新提案は、これまた瞬く間に世界中のゴルファーに受け入れられていったのです。ゴルフ歴が長い人なら、このチタンヘッド登場の頃を

伊藤友男さん(右)と著者。ゴルフクラブのフィッティングについて談議

「懐かしい！　いい音するんだよね」と思い出すでしょう。そんなにゴルファー歴が長くない人も、これを聞いて、「ミズノから始まっているんだ、チタンって！」となってくれていたらうれしいです。

新素材の開発、飛距離への挑戦……、技術の結晶であるゴルフクラブづくりは、科学好きの健次郎さんにとって負けられない戦いだったのかもしれません。

ミズノのゴルフクラブにとって最大の名誉は、1977年に名器と呼ばれた〈グランドモナーク〉が、アメリカのゴルフ殿堂入りを果たしたことです。利八さんの「ええもんつくんなはれや」が、またひとつ世界に認められた瞬間でした。

新素材だけでミズノのゴルフクラブは世界をリードしているわけではありません。購入の仕方でもリードしています。

ゴルフクラブは、ちょっと前から「既製品をお店で買う」から、身体やスイングに合わせたオーダーメイドの時代に。この分野でも、またミズノは一歩リードしています。

ミズノのゴルフクラブを製造する養老工場でクラフトマンが寄り添い、あなたにぴったりのクラブを100万とおり以上の組み合わせの中からつくるシステムは圧巻。ヘッドの重量まで細かく計算した職人技はミズノならでは。取材で工場を訪れた際にも、遠方から続々フィッティングの予約でお客さまがいらしていました。「いつかはミズノのゴルフクラブを」と楽しみに養老工場を訪れる、こういったお客さまの対応をするクラフトマンのひとりである伊藤友男さんは立ち話の中、普段のプロゴルファーたちとの仕事のエピソードについて、「海外のトッププロたちって、スターなのに気さくなんです」と教えてくれました。いやいや、そういう伊藤さんも敏腕クラフトマンなのに気さく。この雰囲気なら緊張せず試打できそうです。ゴルフ界のスターといえば、タイガーウッズも学生時代はミズノのクラブを愛用していましたね。

ボールではなくバットを変形させるビヨンドの「逆の発想」

軟式野球の革命と呼ばれるバットが〈ビヨンドマックス〉。リリース当初、打者がビヨンドマックスを手にバッターボックスに入ると、キャッチャーが「バッタービヨンド！」と声をかけ、野手が守備位置を下げるというのが当たり前という現象を引き起こしました。

ミズノが2002年に世に送り出して以来、その進化は止まることを知らず、従来の金属バットと比べて反発力は1～2割大きくなっています。

「そんな飛び道具を使うのはズルいんじゃないの？」と思う人もいるでしょう。ところが、この「飛ぶバット」の開発を依頼したのは、他ならぬ全日本軟式野球連盟でした。

日本では「男の子の遊びといえば野球」だった時代があります。その子どもたちが大人になったときは、会社でも町内でも気軽に草野球が行われていました。しかし娯楽の多様化により、野球をやらない子どもが増えれば、当然大人になっても野球をやりません。

草野球人口はどんどん減っていきます。そうすると残るのはある程度本格的に野球をやっていた人たちになり、競技レベルがあがっていきます。従来、軟式野球は打球の飛距離が出にく

新たな発想と素材で軟式野球に革命を起こした〈ビヨンドマックス〉

いため得点が入りにくい。投手戦になる傾向にありました。

どちらのチームも条件は同じなのですが、投手以外の選手たちにとっては、ヒットが打てないがゆえに、フラストレーションのたまる遊びになっていたのです。

そこで全日本軟式野球連盟からミズノに、「もうちょっと飛ぶバットをつくってもらえないか」という話がやってきたというわけです。

ところが、どんなに堅い素材でバットをつくっても、インパクトの瞬間にボールがグニャリと潰れて変形してしまい、そのせいでボールが飛んでいきません。

困った末に出てきた新発想が、「ボールの変形を防ぐために、バットのほうを変形させてしまったらどうか」というもの。こうしてミズノが得意なＦＲＰ（繊維強化プラスチック）を芯にし、それをランニングシューズのミッドソールなどに使用するエーテル系発泡ポリウレタンという柔らかな素材で覆った初代ビヨンドマックスが誕生しました。

その後さらに、エーテル系発泡ポリウレタンよりも高い反発力と高い強度を持つ素材である「微細セルエラストマー」で覆うというアイデアでバットに改良が加えられています。

こんな逆転の発想が社内から出てきたのも、普段から基礎研究の蓄積があったからこそ。また、その後も次々と改良が加えられたのも、異素材の組み合わせが得意なミズノのカルチャーがあったからこそといえます。

軟式野球に楽しさを取り戻し、今日も全国のフィールドで草野球愛好家とキッズたちの想い出をつくっている〈ビヨンドマックス〉。極めてミズノらしい革命的なプロダクトです。

ちなみに、野球用品担当としてビヨンドマックスなどをヒット商品にするための仕掛けをし続けてきたのは、１９８０年入社で執行役員の久保田憲史さん。

久保田さんのアイデアは商品以外でも抜群！　ハイスペックで高価格帯な〈ミズノプロ〉にはちょっと手が届かないけれど、晴れ舞台で活躍することを夢見る球児に向けた〈ビクトリーステージ〉というミズノの新ラインのデビュー時には、高校野球の校歌風キャンペーンソングまでつくったという社内のレジェンド。仕事を心底楽しんでいるのが話し方から伝わってきます。ビクトリーステージは、その後アップデートを重ね、現在は〈グローバルエリート〉という、さらに進化した商品ラインに変わっています。

▼「でなくてはならない」が社内にないのがカルチャー

今お話ししたバット同様、ミズノの社員の発想は、ずっと以前からとても柔らか。このような商品がミズノから次々に生まれてくる背景のひとつといえるでしょう。

それまで世間で親しまれている用具であっても、「どうしてそれでなくてはいけないのか」と、いい意味で疑います。そして、新しい発想で挑みます。科学にも強いミズノですから、そこはデータも駆使します。

もちろん、こういった社員のチャレンジを止めるどころか応援する社風も大事。スポーツの会社らしく、ミズノにはそれがあります。

たとえば、1996年にミズノは底に9本の歯（金具）がついた野球のスパイクをリリース。ミズノがスパイクシューズを提供していたプロ選手たちはオープン戦から一斉に使用し、その年の夏からは一般にも市販されました。

あまり野球を知らない読者の方にお伝えすると、実はそれまで野球のスパイクといえば6本歯が相場。今振り返ると、野球界においても「なぜ6本と決まっていたかは、誰もあまり気にしなかった」ということです。

おそらく80～90年前に野球スパイクが輸入品として日本にやってきたときから、それは6本歯であったし、その歯の交換部品もやっぱり6本が基準だったから、誰もそこに疑いを持つことがなかったのでしょう。

ミズノは「本当に6本歯が正解か？」を、もう一度はじめから検証した結果、9本歯が現代のベースボールには最適だと判断。それが今日の野球界のスタンダードになっています。

同様に、それまで「キャッチャーミット、ファーストミット、その他は全部同じグラブ」というグラブ＝3種だった野球界に、ポジション別のグラブを導入したのもミズノ。そこにあった常識を放置せず、「強い打球を捕るサードはポケットが深いほうがいいはず」とサードミットという新しい概念を打ち出し、逆にボールを捕ってすぐに投げるショートのグラブはポケットを浅く……と、ミズノのグラブのアイデアの数々も、また今日のスタンダードとなりました。

「でなくてはならない」の話のついでに、卓球・伊藤美誠選手のエピソードを。ミズノの卓球シューズで五輪を戦いますが、スポーツ用品メーカーなら普通はマーケティング戦略として〝最新のもの〟を履いてほしいと願います。でも、選手が新モデルにしっくりこない場合、ミズノ側は「じゃあ、旧モデルを使っていただき、それをカラーリングで新しいモデルに見えるようにしてみますね」と、知恵を絞って選手に寄り添います。ここも「絶対に最新モデルでなくてはならない」というわけではないのです。

▼斬新なミズノの発想に全国の野球好きが「NO」!?

でも、ミズノ発の数々のアイデアにも失敗はあります。

僕がとても好きな（?）ミズノの失敗で、この章のテーマでもある異素材に関係するものがあるので、ここでご紹介します。

それは2006年のこと、野球界を変えた発明〈ビヨンドマックス〉に続けと、これまた斬新な発想の軟式野球用グラブがミズノから発売されました。

その名は〈フィールディングマックス〉。

軟式のボールは、プレイヤーがグラブの捕球面でしっかりキャッチしたとしても、ポケット

ボールを包み込んでいる突起物が、ウレタン製のマジッククロー

にすっぽりとは収まらずに、跳ね返ってしまいがちです。

せっかくいいプレイをしたのに、それが原因でグラブからボールが飛び出してしまい、結果エラーとなることもしばしば。

そこでフィールディングマックス。「エラーしにくい」がウリのグラブです。

その最大の特徴はボールを捕るグラブのポケットにありました。入り口につけた4つの突起物。本来ならスムーズな革である部分に、ウレタン製のツメを4つつけたのです。

「これならグラブに入ったボールがグラブから跳ね返って出ていくことはない」と、軟式野球での困りごとの解決策になるだろうこの商品を、絶対の自信でリリースしました。

が、そのウレタンの4つのツメ……「マジッククロー」と名づけたのですが、その見慣れないパーツに野球人の反応はイマイチ。

結果として売れ行きはサッパリ、在庫の山をつくってしまいました。

科学と技術でミズノが向き合った〝グラブに球が弾かれることでのエラー〟という軟式野球の困りごと。が、このときばかりはユーザーたちも、その斬新過ぎるミズノのアイデアを受け入れなかったのです。

その理由の多くが何とも皮肉なもので、「このグラブでボールを捕るのはズル」だといわれたのだとか(笑)。

ビヨンドマックスでホームランを打つのはOKだけれど、フィールディングマックスでエラーを減らすのはダメ……。なかなかどうしてビジネスは難しいものです。

PART

5

野球人の3割はミズノユーザー

もしも水野利八がいなかったら日本の野球はどうなっていたのか

「野球人気が衰えた」

そんな言葉をよく聞きます。

しかし、それは異常なまでの野球人気が、少し落ち着いたと見ることもできるのではないかと思います。

プロ野球シーズンにもなれば、全国の6球場に2〜4万人台の観客が集まります。そして、それが週に6日続くのです。

こんなにも強力なスポーツコンテンツは他にありません。今でも野球は十分人気があるスポーツです。

利八さんが学生野球を見物していた明治時代の終わり、日本の野球熱がこれほどまでに高まり、定着するかどうかは、まだ決まっていなかったと思います。

それを決定づけた人物は数知れず、それを決定づけた出来事も数知れず……それらが積み重なって、今日の日本野球界があるのは間違いありません。

でも、絶対的に、その中のひとりとして欠かせないのが利八さんです。

日本の野球界に利八さんが何をしてきたのか。

日本の野球界にミズノが何をしてきたのか。

この章では、それらを振り返っていきたいと思います。

「野球人の3割はミズノユーザー」という調査結果は単に用具の性能や価格に対する評価を表すものではありません。ミズノによる野球界への貢献を、たくさんの野球人が知っている……そんな数字の表れだと、僕は思うことがあるのです。

▼ストイックな利八さんも野球だけは別の話

京都に奉公へ出た利八さんは、そこで三高野球部の試合にハマり、野球に魅せられていたとお話ししました。そして、兵士として朝鮮に遠征中、仲間と野球談議に花を咲かせたこともきっかけとなって、野球や野球用品を一生の仕事として決め、起業をします。

利三さんと兄弟ふたりで、行商の形によるスタートアップでしたが、そんなに会社が小さな頃から今でいう就業規則や労働規約、クレドのようなものを定めたストイックな働き方をしていました。

その約束ごとの最後には、「100万円以上の資産に達せずば、1日たりとも休養以外に遊ばざること」とあったといいます。

ところが、がちがちにストイックだったかといえば、野球となるとそこは例外的にゆるい部分もあったようです。行商の途中で、たびたび北野中野球部の試合を見物していた利八さん。「おっさん、こんといてや。おっさんが応援にくると負けるさかい」といわれて追い払われた記録が残っているので、かなりの頻度で観戦していたのではないかと思います（笑）。

また、美津濃の野球チームも結成し、後に高野連会長となる佐伯達夫さんをコーチに招へい。利八さん自らセカンドとして早朝練習に打ち込んだという話も残っています。

どれだけ野球を愛していたかが伝わる、偉人・利八さんのほっこりするようなエピソードでした。

▼実業団野球の大会を始めたミズノ

野球殿堂博物館の公式ウェブサイトを覗くと、日本の野球の歴史がわかります。

その始まりは１８７８年（明治11年）に、アメリカ留学から帰国した平岡熈（ひろし）さんによる日本初の本格的な野球チーム〈アスレチックス新橋倶楽部〉の起ちあげだといいます。

そして、１８９６年（明治29年）に第一高等学校が横浜の外国人チームに勝つことで、野球の人気が日本全国に広がった、とあるので、「日本が勝ったぞ！」という誇りや喜びがきっかけだったんですね。続く１９０３年（明治36年）には、早稲田が慶応に試合を申し込むことで早慶戦が始まったらしいです。目を疑いましたが、その3年後には「応援の過熱により、早慶戦が中止となる」とあるので、いかにこの10年ちょっとの間に日本人が野球に熱くなっていったのかがうかがい知れます。

その後に「1915年（大正4年）、全国中等学校優勝野球大会（現在の夏の甲子園大会）が始まる」と、このウェブサイトの資料は続くのですが、その前にあったミズノが関わるいくつかの大切な出来事を、ここで僕が補足します。

1911年に「大阪実業団野球大会」が開催されました。詳しい記録は残っていないようですが、美津濃商店を加えた7チームが集まり、トーナメント戦が行われたようです。

その主催自体が、なんと美津濃商店。利八さんが大阪の有力な企業を説得して集め、佐伯さんが審判をしたと、利八さんの次男で2代目社長の健次郎さんが述べています。

当時のミズノは急成長中とはいえ、まだまだ小さな個人商店。そんなことお構いなしにと、愛と情熱で実業団野球大会を開催したのは、すごいこと。たとえば町の小さな家族経営のお肉屋さんが、自分たちより遥かにサイズも知名度も大きい企業の野球部を集めて大会を行うのを想像したら、これはちょっとやそっとのパッションではできないことです。

でも、これは単発の話ではありません。同大会は春秋と年間2回ずつ、戦争が近づく1940年まで約60回も開催され、実業団野球はどんどん広まっていきました。

これが1927年に始まる、都市対抗野球への道筋をつくった大会だと考えられます。

▼夏春とも高校野球大会はミズノが始めた

日本中が熱狂し、ひとつの文化となっている、あの〈甲子園〉の前身は、実は「美津濃による大会」――この事実はあまり知られていないかもしれません。

実業団野球大会の開催、運営を成し遂げた利八さんは、すぐに中学校野球の大会の実現に動き始めます。当時の旧制中学校は5年制です。今でいう高校2年生の年齢までの生徒が通っていた計算になります。

主催者として利八さんは、まず新聞社に話を持ちかけましたが、あまり乗り気でなかったといいます。そのため自力でやることを決意します。

明治天皇の崩御による1年延期を経て、1913年8月に第1回の「関西学生連合野球大会」を開催しました。関西一円から40チームあまりが参加したため、各チーム1試合のみの対抗戦形式で5日間にわたって行われました。

新設された豊中球場には、連日多くのファンが訪れ大成功！　翌年の第2回大会よりトーナメント方式で行い、決勝戦は6－5の大接戦で大阪商が優勝旗を手にしました。

“美津濃の大会”の優勝旗が最後の優勝校から大阪本社へ戻る

第3回大会を前に、大阪朝日新聞から利八さんに申し入れがあります。その内容は、「全国規模で中学野球大会をやりたい」というものでした。利八さんは、「新聞社なら全国規模で開催が可能になり、野球もより盛んになるでしょう」とバトンタッチを快諾します。

「美津濃の大会」として親しまれてきた関西学生連合野球大会は、時期を変えて第4〜6回は1月に、1920年の第8回（この年から、明治天皇の崩御で中止した1912年を第1回と数えることに変更。事実上、第7回は欠番）から1924年の第12回大会までは3月に行われました。

そして、今度は毎日新聞から、夏とは違う方式で全国大会を行いたいという申し入れがあり、こちらも新聞社に主催をバトンタッチすることになりました。これが現在の春のセンバツ大会になっていきます。

なお、〝美津濃の大会〟の最後の優勝校は松山商で、何十年も保管されていた優勝旗は、同校を訪れた利八さんと涙の再会を果たしています。現在、その優勝旗はミズノ大阪本社に収蔵されています。

▼高校野球を発展させた利八さんの意外なバウンド検査

ミズノが当初は問屋から仕入れていた野球ボールを、自社でゼロから製造し始めたのは、1913年のことでした。それ以来利八さんは、ハイクオリティな野球ボールづくりに強い気持ちで挑みます。

朝日新聞が開催するようになった夏の中学野球では、第2回大会から試合で使用するボールの大きさと重さをミズノと共に統一したのですが、利八さんはそれにプラスして「バウンドの大きさ」を揃えるために、独自の検査ルールを思いつきます。それは、4・12mの高さから床に置いた大理石に自然落下させて、1・40〜1・45mバウンドすれば合格、それ以外は不合格というものでした。合格の基準に幅があるのは、野球のボールは縫い目があるし、天然のものなので、どうしてもバウンドに多少のバラつきは出るからです。

では、この「高さ4・12mから落とす」ことには科学的な理由があるのでしょうか？　いや、特にここにサイエンスは存在せず、これは当時のミズノの本社（お店）の2階の窓の高さ。そして、身長1・50mの利八さんの目線が大体1・40mくらいだったので、まぁ目の高さにまで跳ね返ってきたら、そのボールは合格……と、厳格なんだかザックリなんだか、よくわからないユニークな検査でした（笑）。でも、野球とミズノの親密な関係を示す素敵なエピソードだと僕は思います。

▼不完全なボールの使用はダメ！　折り合った末の条件とは？

1946年、戦争が終わって最初の1年となる夏に、中学野球を復活させようという声が高まります。

が、GHQは戦後に「日本国民が再び団結するような機会をつくらせない」という方針だったので、これには難色を示したといいます。しかし、関係者の努力によって大会は開催できることになりました。

でも、弱ったのは道具です。主催者であったミズノの2代目・健次郎さんがいうには、特にボールがなくて困ったそうです。

当時、試合用の野球ボールはミズノにも在庫がありませんでした。あるのはボールづくりに手慣れていない従業員が、製造の練習としてつくったようなものだけ。戦争のせいでボールづくりの熟練者が減ってしまい、その欠員をカバーしようと他の従業員が日々ボールづくりの練習をしていたのです。練習なので、その材料も高品質とはいえず、配給で手に入れた再生毛糸だったそうです。でも、ないよりはまし。中学野球の大会主催者は、それらのボールを「使わせてほしい」とお願いします。

しかし、ミズノの名前が商品についている以上、そのクオリティを高いレベルで求める利八さん。「ミズノが不完全なボールを出せば信用を失う」と、これには首を縦に振りません。野球の大会をサポートしてあげたいという想いも誰よりも強かったはずなので、さぞ複雑な気持ちだったと察します。

で、最終的にはミズノ製の〝不完全ボール〟を使うことにはなるのですが、相談と交渉の末どこにこの話が着地したかといえば、ボール自体に「投手練習用」「打てばゆがむ」と表示することを条件に、大会での使用にGOサインが出ました。

そして、これまたミズノの伝説なのですが、他からかき集めてきたミズノ以外のどのボールよりも〝ミズノの不完全ボール〟の方が品質的に優秀だったそうです。

▼野球ボールの品質向上は利八さんのライフワーク

戦後は品物の価格が決められており（公定価格）、売り手が勝手に値決めすることはできませんでした。また、それと並行して、そういった統制の目をかいくぐったヤミ市では、いわゆる闇価格というものがあり、そこではルール無視の価格設定がなされていました。

さて、いよいよそんな時代も終わり、当たり前のように今日と同様の自由価格の世に移り変わっていく日本。ここから世界がミラクルと称賛する復興・高度成長を遂げていきます。日本は猛スピードで他国に追いつき、そして追い越していきました。

ミズノも、ここから正規の材料を使ってのモノづくりができるようになります。本来の野球ボールの製造が再び始まったのです。

一方、復興と成長の時代は、物価の急騰の時代でもありました。問題は都会の経済と、地方

亡くなる直前まで硬式ボールの値上げをしないことに執念を燃やした利八さん

の経済にタイムラグがあり、そこに格差が生まれたこと。

野球ボールの値段があがれば、学校によっては買えなくなってしまうところが出てきてしまいます。

ミズノは品質を向上させつつも、できるだけ安価に抑える企業努力を重ね、１９４８年から１９７１年までの23年間、ボール１個４５０円という価格の維持にこだわり続けました。

１９６９年は創業者の利八さんが会長となり、健次郎さんがミズノ2代目の社長に就任した年でした。その交代後に行われた最初の取締役会で、利八さんは「経営の実権はすべて新社長に移譲したが、ただひとつ野球の硬式ボールのことは、会長の仕事にしてもらいたい」と発言。

取締役会から了解を得ます。

その真意は、「ボールの価格をあげずに、地方の学校や野球人にも良質のボールを届ける」という使命をやり遂げるためだったのでしょう。

というのも、利八さんが亡くなったのは1970年3月。ボールの価格をあげずに維持したのは1971年まで。ボールは利益率が低いので、これは大変な仕事だったと想像します。利八さんはボールづくりをライフワークとし、命尽きる直前までギリギリ企業努力を最前線で行った——僕はそんな風に感じます。

さらに大きく解釈すると、ミズノのバックボーンである「ええもんつくんなはれや」の精神を最後まで貫き、それを社員だけではなく、日本のビジネス界全体に見せてくれたのだと思います。

僕は野球経験がないに等しいのですが、この利八さんのメッセージや生き様を忘れぬよう、自宅には常にミズノの野球ボールをインテリアにして飾っています。

ミズノには社員が自社製品を割引価格で買える、いわゆる〝社販〟があります。他に知人割もあるのですが、野球のボールだけは社員も知人もディスカウント一切なし。定価で買うのが決まりだそうです。

▼ふんどし広告・赤シャツ・ゲームデープログラム

ミズノが中学野球を朝日新聞と毎日新聞にバトンタッチすると、両大会は甲子園球場で開催されるようになります。

利八さんの願いどおりに全国規模の大会になったおかげで、より一層野球ファンは増加していきました。

引き継いだ後の中学野球で、ミズノは今でいうゲームデープログラムも配布しました。朝日新聞の地方版を従業員総出で調べて、当日対戦するチームの予選データを記載。それに店名を添えたものを入り口で配りはじめました。

利八さんはモノづくりもユニークでしたが、広告戦略でも弾けていました。

1910年にシカゴ大学が来日した際、VS早大の試合を関西でも披露します。そのとき水野兄弟はとびきり目立つ赤いシャツを着て、大声を張りあげてスタンドで応援しました。

「あれが梅田新道で運動服売ってる美津濃のおっさんやで」と、この一件でたちまち話題に。自らモデルや広告となって、新しいトレンドをつくろうとしたのです。以来、この赤シャツを着て応援するスタイルがブームになり、学生たちがこぞって買っていきました。

ちなみに、広告といえばデパートの上層部から下に垂らしたタテ文字の懸垂幕。あれも利八さんから始まっています。「ふんどし広告」と命名されましたが、もともとミズノ本社ビルの階上から細長い布を垂らして、そこにキャッチコピーを書いたことが起源です。

▼シェア3割やスター選手との契約は当たり前のことじゃない

今でこそ30％の野球人がミズノの野球用品を使ってくれていますが、それは風任せにそうなったわけではありません。シェアがそんなに高くない時期もあったし、アップダウンした期間もあったといいます。1980年代はプロ野球選手からの支持や契約は好調でも、逆に高校野球でのシェアでは伸び悩むということもありました。プロ野球選手たちが使うミズノに影響を受けたのか、少年野球や草野球選手たちに向けた商品はよく売れているのに、高校生のシェアが低いという奇妙な現象だったといいます。

これではマズいと、1983年から「ハイスクールプロジェクト」と称した営業作戦を開始。全国の営業担当が甲子園常連の強豪校を中心に、チームとしてミズノを採用してもらえるようセールスに一層力を入れました。

この頃の地道な営業努力の甲斐もあり、多くの高校野球チームでミズノを採用。その中にはイチローさんの母校である愛工大名電と、松井秀喜さんの母校である星稜高校も含まれていました。

ええもんつくったとて自動的に売れるわけではない。ブランドといっても気を抜けば、すぐに他社に抜かれる。「野球のミズノ」も、こうして裏では見えない努力を繰り返して、今日のシェアがあるのです。

そして、こういった努力がイチローさんや松井さんのような選手との契約にもつながっています。仮にハイスクールプロジェクトがなかったら、日本のプロ野球とメジャーリーグで大活躍するこのふたりが、現役時代を通してミズノを愛用するということにはならなかったのかもしれません。

ミズノの社員と話していると、選手たちとのエピソードがポンポン出てくるのですが、松井秀喜さんに関するもので、その人柄をよく表しているものを、ひとつ。

メジャーのシーズンオフに帰国した松井秀喜選手。ミズノに自らクルマを運転して訪れたのですが、ある社員が気を使って駐車場でクルマを預かり、松井さんの代わりにパーキングに入れてあげようとしたそうです。ところが、その過程でクルマをぶつけてしまいます。人様のクルマを預かり、その預かったわずかな時間に傷をつけるのは、誰もが想像するだけでブルーになるストーリー。当然、その社員は謝り、そして落ち込みました。翌年、また同じように帰国時にミズノを訪れた松井選手。さぞかしその社員は気を落としただろうと、その社員に対してお土産を持ってきてくれたそうです。あのスーパースターがシーズンを通して社員を心配してくれていたという、僕が大好きなミズノの秘話です。

▼ルー・ゲーリッグが愛用した〈R.R.MIZUNO〉のミット

「打撃王」と呼ばれた名野球プレイヤー、ヘンリールイス・ルー・ゲーリッグは、ニューヨーク・ヤンキースで三冠王など数々の打撃タイトルを獲得。『打撃王』という映画もつくられたほどのレジェンドです。

14年間にわたり2130試合連続出場という、当時の世界記録も樹立した鉄人でした。

しかし、筋萎縮性側索硬化症（ALS。ルー・ゲーリッグ病とも呼ばれています）のために

日米両国の宝ともいえるルー・ゲーリッグのミズノ製のミット

記録は途切れ、引退を余儀なくされます。そして1941年、彼は37歳という若さでこの世を去りました。

史上最高の一塁手とも称されるルー・ゲーリッグは、1931年と34年の2回、日米野球のアメリカ代表として来日しています。

その1931年の来日の後、利八さんはミズノの広告で「ゲーリッグがミズノのミットを米国でのメジャーリーグの試合で使うと明言した」と発表しています。

実際はどうなのか？ これは本当に起こったことだそう。というのも、そのミットは、2006年2月にミズノに里帰りを果たしているのです。

そのミットはニューヨーク州にある野球殿堂

に展示されていたのですが、野球好きで知られる元駐日アメリカ合衆国大使のシーファーさんが、その傷みが激しいことを懸念。それを借り受け日本の野球体育博物館（当時）を通じてミズノに修理を依頼します。ミズノの社員でイチロー選手や松井選手のグラブを手がけていたクラフトマン・坪田信義さんが、約2週間をかけて、その日米両国にとって宝であるミットを修理したそうです。このミットには〈R.R. MIZUNO〉とタグがついていますが、そのイニシャルは利八・利三の兄弟を表しています。

▼「野球がやりたい」、1通の手紙に応えて特注グラブをつくる

ルー・ゲーリッグのミットを修理した坪田さんはグラブマイスターとして多くのプロ選手グラブをつくり続けました。グローバル進出を目指したミズノは、1978年、米メジャーリーグのシーズン前に行われる各チームのキャンプでワークショップを開催。坪田さんの手づくりするグラブはメジャーリーガーたちの間で評判になり、「マジックハンド」「ドクター・ツボタ」と現地のマスメディアでも紹介されました。その後もワークショップは継続されました。

1980年のこと、ミズノに1通の手紙が届きます。

「息子のジョンは自宅での化学実験中に爆発で右手の指をほとんど失ってしまいました。しかし、ジョンは野球のチームワークの素晴らしさやスポーツの爽やかさに感動し、野球に大変な興味を持っています。13歳の彼はリトルリーグの仲間に入りたいと希望しています。でもアメリカにはハンディキャッパー用のグラブがありません。ドクター・ツボタをはじめ、ミズノのワークショップでジョンの夢を叶えてもらえませんか」という内容でした。

さっそく坪田さん自らがジョン君の家に向かい、腕・手の状態を調べ、製作を開始。面ファスナーで腕に巻きつけるようにして装着するグラブを完成させました。

ジョン君はそのグラブで外野フライをキャッチし、見事に入団テストに合格。フルネームが刺繍されたグラブはチームの仲間たちから羨望のまなざしを集めたといいます。ご両親からは感謝の手紙が届きました。

ミズノはその経験から、日本でも身体障がい者向けのグラブを製造し、提供をしています。

ミズノのクラフトマンといえば野球とゴルフの分野で活躍する人たちが目立ちますが、ちょっとだけ冬のスポーツにも触れておきたいです。

用具のルールが頻繁に変更したり、厳しかったりのスキーのジャンプ競技。あるときから選手が着るスーツに規制が入ります。最高のパフォーマンスのためにルールを守りながらも、ぎりぎりの線で身体にピタリと合ったスーツを選手は求めているし、ミズノも提供したいのですが、人の体型は毎日微妙に変わるものです。

そこでミズノのクラフトマンはジャンプ競技の会場にミシンを持ち込み、選手がスーツを着用する直前の直前までミリ単位の調整を行っています。

普段なかなかテレビには映らない、日本チームのもうひとつの戦いが、そこにあるのです。

▼グラブづくり・バットづくりで受け継がれる技術

グラブづくりでは坪田信義さん・岸本耕作さん、そしてバットづくりでは久保田五十一さんがマイスターとして多くのプロ野球選手にバットを供給してきました。

名人と呼ばれた久保田さんが引退した後は、名和民夫さんと渡邉孝博さんがバットのクラフトマンとしてマイスターの称号を目指し、日々切磋琢磨しています。

ミズノでバットやグラブをつくる人の数は限られています。でも、社員なら誰にでも、そのポジションへの門戸は開かれています。そして、そのポジションに就いたら、社内で定められたマイスター制度のステップの上を目指して、仕事の中で技術を極めていきます。ミズノのクラフトマンはメディアに登場する機会も多く、そのお顔や名前も知っている方が多いと僕は思います。ちょっとだけ名和さんと渡邉さんに普段のお仕事や、選手とのやりとりについて聞いてみましょう。

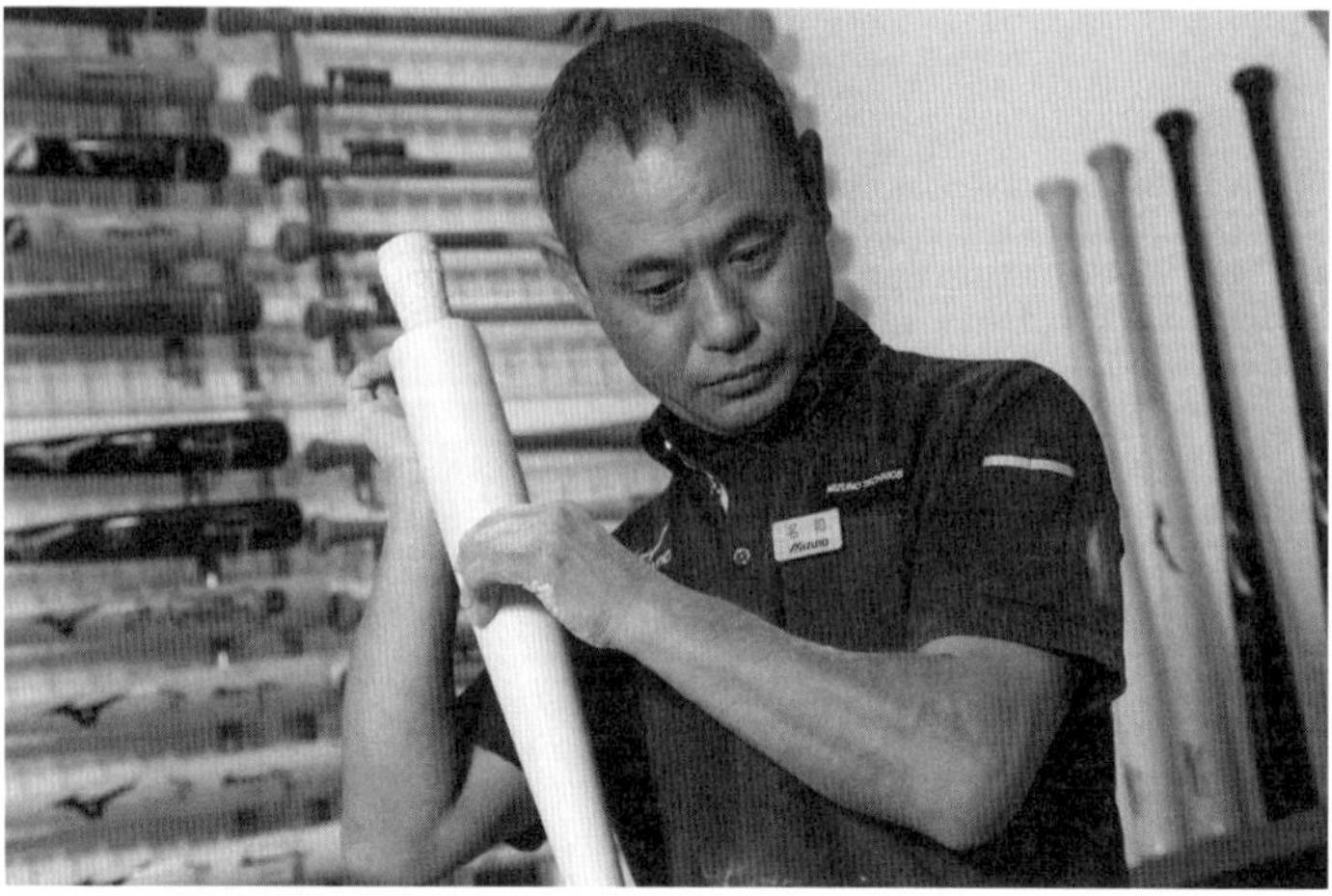

CRAFT MAN | TAMIO NAWA

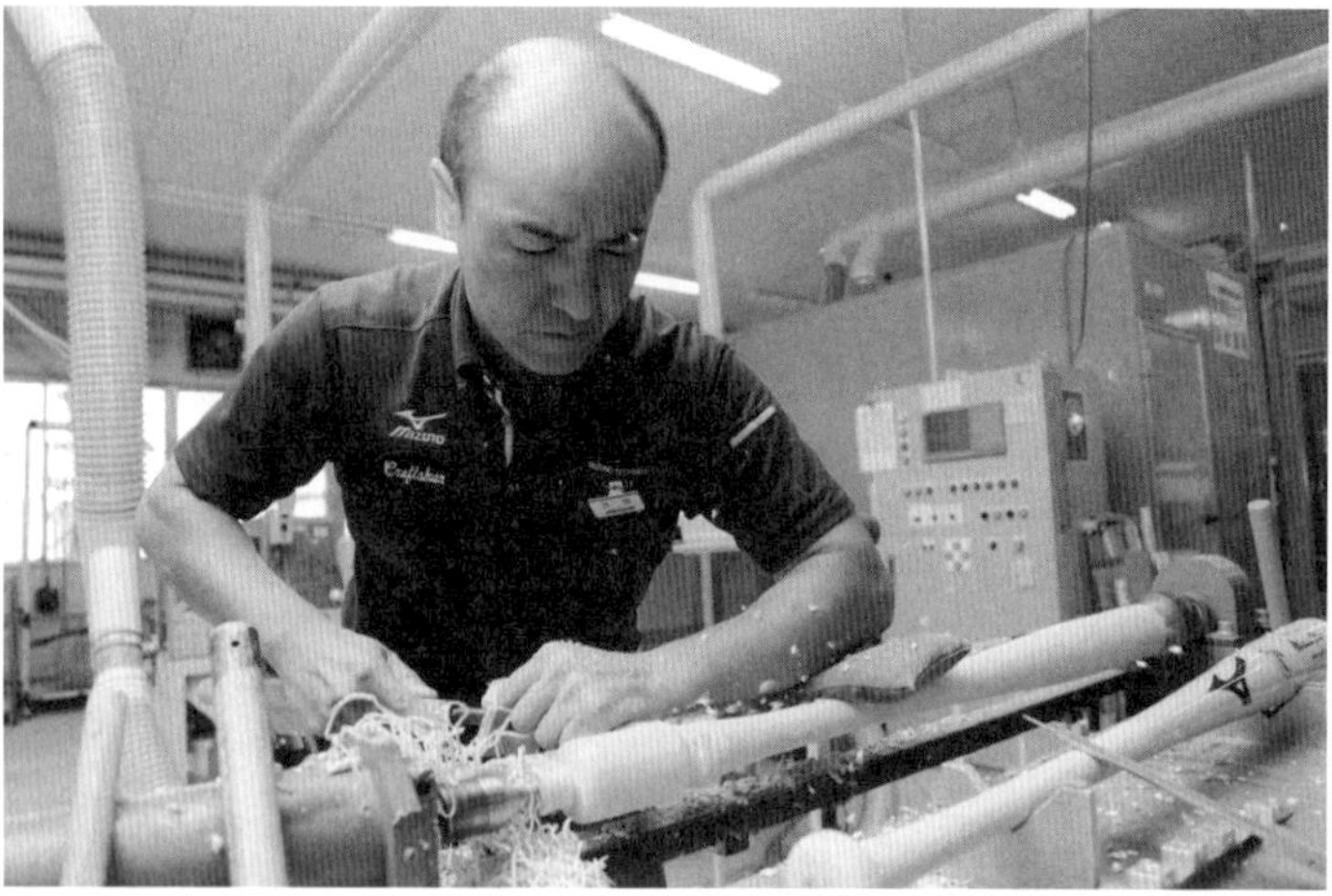

CRAFT MAN | TAKAHIRO WATANABE

村尾 プロ野球選手のバットをつくるにあたって、その選手との打ち合わせ時には〝感覚的なこと〟がコミュニケートされると想像しますが、それって難しいのでは？

名和 今は数値にすることが重視されますが、数値に置き換えられない部分を読み取っていかないといけない、選手との会話の中でその〝数値以上の何か〟を感じ取らなきゃいけないところが、非常に難しいところです。そしてそれと同時にやりがいでもあります。

渡邉 自分でいいと思っているものでも、選手が使ってはじめて答えがわかる。だから、いわれた言葉をいかにその選手の感覚に近づけられるかというのが難しいし、形にするのには苦労します。

村尾 すごいお仕事だと思います。選手の満足感を感じられるのはどんなときですか？

名和 シーズンオフに工場にきていただいて、どうでしたかと伺うと、大概の選手の方には「特に問題ありません」といっていただける。その「特に問題ありません」は最低限の仕事はできたのだという風に思っています。引退のご挨拶にきていただくと、今までとは表情がまるっきり変わっちゃうんですよね。あぁ、これで来年はバットのことを何も考えずに過ごせるという安堵感がお顔に出ている。「本当に引退されたんだな」と思いますね。

渡邉　やはりシーズンが終わってお礼の言葉をいただいたりすると、そこがひとつの区切りだとは思います。ただ満足していただけたかどうかは、また別の話。本当にこのままで大丈夫ですかと、選手が実は引っかかる部分を引き出せるよう会話をしながら聞いています。そこで何か出れば、選択肢を示せるように準備しています。

村尾　クラフトマンからしか聞けない貴重なエピソードを、ありがとうございます。普段はどのように働く時間を過ごしているのですか？

名和　プロの選手の話を聞いて……と思われているかもしれませんが、年間でトータルすると、その仕事は1週間もないです。8時に出社して17時までずっとバットを削る、単純作業の繰り返しです。

渡邉　プロ野球選手のバットをつくっているというイメージが強いでしょうが、自分たちがつくっている製品がたまたまプロ選手に対応しているという感じです。

村尾　ちなみに、野球観戦はどのようなスタイルでご覧になるのですか？

名和　バットを握る手ばかり見てしまいます。バットの使い方がわかるからです。面白くも何ともない観戦方法だと思います（笑）。

渡邉　同じです。応援しているチームはありますが、担当する選手のほうが気になります。

村尾　バットの製造工程で出る端材の用途にも気を配っている印象のあるミズノですが、ぜひそのあたりのことを教えてください。

名和　ほとんどムダは出しません。削ったおがくずも乾燥用の燃料に使います。

村尾　おふたりに続く後進の育成もされているのですか？

名和　ミズノにはクラフトマン制度があります。技能2級・1級があって、そこから今度はクラフトマン3級・2級・1級。その上にマイスターという位置づけです。ミズノテクニクス社（ミズノのグループ内の子会社で養老工場を拠点にモノづくりと開発を担う）は、次世代への技術の継承に熱心なので、ときどき指導します。

渡邉　我々自身も2年に一度、クラフトマンの技能、知識を維持するために試験を受けます。私が受けるときは名和が出題、名和が受けるときは私が出題します。

村尾　バットづくりには、どんな気持ちを込めていますか？

名和　命削ってバット削っています……というのは冗談ですが、プロ野球選手の方にいいパフォーマンスをしていただき、その選手の先にいる野球が大好きな方たち、スポーツが大好きな方たちに、いいプレイが届くように。それをサポートしていきたいと思っています。

▼プロ野球の本拠地でミズノの野球専用人工芝が使われている

ミズノには「スポーツ施設専門の建設会社の顔がある」という話はすでにしましたが、中でも得意にしているのが「野球のミズノ」らしく、人工芝の野球グラウンドです。

取り組むにあたって、プロ野球選手たちから人工芝についてのヒアリングを行いましたが、それまでの人工芝に対して、実はいろいろ不満があったといいます。

顕著だったのが「毛足の長いタイプの人工芝によってフィールドは全体的に柔らかくなったものの、使っていくうちに毛足が寝てしまい、不規則なバウンドになりやすい」ということ。もうひとつは充填材のゴムチップ。人工芝に使用する充填材は主に芝のプレイ性やクッション性をアップする役割を担いますが、それは多くが細かなゴムチップでできています。選手はボールのバウンドなどで飛び散って、それが目に入ることを懸念していたといいます。

この2つの問題を一気に解決したのが、ミズノが開発した野球専用人工芝〈MS Craft Baseball Turf〉でした。毛足の長い人工芝にパーマをかけてランダムに寝かせてしまうことで、均一なバウンドと充填材の飛散防止等、様々な機能を実現しました。

ミズノがプレイヤーたちの声を集めて野球場専用の人工芝を開発

開発した当初は販売に苦戦したものの、2013年に1件目の大原運動公園野球場（新潟県南魚沼市）で使われると、それが生きたサンプルとなり、その後はクチコミでどんどん広がっていきました。

プロ野球でも、2016年の埼玉西武ライオンズの本拠地・西武プリンスドーム（現・メットライフドーム）を皮切りに、千葉ロッテマリーンズのZOZOマリンスタジアム、オリックス・バファローズの京セラドーム大阪、福岡ソフトバンクホークス二軍のタマホームスタジアム筑後へと、続々と導入されました。現在、プロ野球の球場で使用される人工芝のシェア1位はミズノ製です。

また、大学や社会人野球、高校野球のグラウンドにも広がっています。野球専用以外にも、サッカー場や陸上競技場などどんどんシェアを伸ばしている真っ最中。読者の方々がスポーツを普段楽しんでいらっしゃるそのフィールドの芝も、もしかしたらミズノ製かもしれません。

また、ＳＤＧｓ的にもミズノの人工芝には面白い試みが。あの伊藤園の〈お〜いお茶〉と協力して、これまでになかった人工芝用の充填材〈Field Chip「Greentea」〉を開発・販売。その商品名からも想像できるように、伊藤園の製造過程で出る茶殻を利用したものです。だから、このチップは緑がかっています。サッカー場のピッチにこのチップを撒くと、約43万本分の〈お〜いお茶〉から出た茶殻を使うことになる。茶殻のリサイクルです。

クッション性等の機能を重視して開発された従来型の人工芝の充填材ですが、これは安全面にも大いに配慮。〈あそりーと AFTER SCHOOL〉（82ページ参照）の屋外広場にも導入されています。

▼日本が直面する「野球の危機」にミズノが立ち向かう

水野利八さんやその後のミズノの働きにより、野球は日本人に愛されるスポーツになり、

「真の国技」とまで呼ばれるほどになりました。

直球勝負、変化球でかわす、フルスイング、（ストライクを）置きにいく、（バットに）当てにいく、全員野球、一丸野球、逆転満塁ホームラン、代打、リリーフ、好球必打……こうした野球用語が一般社会人の間でビジネス用語として使われているのも、その原点にはミズノがあるといえるかもしれません。

一昔前なら親子によるキャッチボールで、自然と日本の「野球愛」は伝わったものです。しかし危険だという理由でキャッチボールのできる場所が減ってから長い時間が経ち、今やグラブを手にはめたことがない子も多かったりします。

今、野球をする人の数は顕著に減っています。僕がどこのスポーツ用品店の社長やスタッフと話をしても、全員もれなく危機感を口にします。

この章の終わりに日本全体の野球の危機において、ミズノが中心となって起こしたアクションを書きたいと思います。

「球活ＪＰ」と検索をしてみてください。一般社団法人野球・ソフトボール活性化委員会という団体が運営しているウェブサイトが出てくるはずです。

ここの代表理事は、失敗談の事例で先ほど登場した「絶対エラーしないグラブ」の久保田憲史執行役員なので、ミズノが先頭に立って行っている活動と映りますが、決してミズノのお抱え団体ではありません。

驚くべきことに、このアクションにはアシックス、デサントという総合スポーツのライバルや、ゼット、エスエスケイといった野球専門ブランドが計15社も参加しました。それだけスポーツ用品業界全体が、野球の衰退を何とかしたいと思っている証拠です。

第2章で挙げた「自社の利益だけに走らずに、業界の育成や、社会課題を解決するためのコラボレーションを積極的に行ってきた」というミズノの歴史的なＤＮＡは、こうして今この瞬間も垣間見ることができるのです。

この活動の目的は、「硬式野球、軟式野球、ソフトボール等のベースボール型スポーツを盛り上げるために複数の企業が集まり、日本野球協議会、日本ソフトボール協会、全日本軟式野球連盟を初めとする各団体の普及・振興活動をサポートするのが当委員会の役割であり、非営利目的の一般社団法人の立場から、全国のスポーツ店様と協力して各団体の活動を繋げていくことを使命としています」とあります。

まだ起ちあがってから歴史が浅く、試行錯誤中と聞きますが、このミズノをはじめとした各社の熱い想いを、これからも僕は世に伝えていきたいと考えています。

ぜひ一度、野球ファンも、そうじゃない人も、このアクションに触れてみてください。たとえば、SNSにも積極的です。若い世代が活用しているインスタグラムでたくさんの写真を公開しています。契約メーカー、チームの垣根を越えてプロ野球選手たちがキッズにティーボールを教えている大量の写真は圧巻です。

また元高校球児で草野球界に影響力を持つトクサンのYouTubeチャンネル〈トクサンTV〉とのタイアップも訴求力の高い動きだと思います。トクサンを「球活アンバサダー」として、「キャッチボールOKの公園」を探す旅や、野球を始めたばかりの子どものための動画「野球芽生え動画」などの球活動画を、人気チャンネルを通じて発信しており、これはいい結果につながりそうという予感がしています。

▼あらためて立ち寄りたい野球殿堂博物館

利八さんが亡くなったのが1970年3月。翌71年には野球殿堂入りしました。

利八さんが選ばれた年は、野球殿堂入りの表彰が始まって、まだ13年目。それまでに表彰された人は39人しかいませんでした。

殿堂入りを伝える新聞記事には「野球用具のメーカーとして今日の隆盛を築いた人」「社会人、高校野球の基礎となる大会を開催」といった言葉があり、利八さんの功績を称えています。

著書、『スポーツは陸から海から大空へ――水野利八物語』（ベースボール・マガジン社）からの一節を抜粋します。

「明治30年代に奉公先の京都で三高の野球試合を垣間見て以来、利八をとりこにした野球は、こうして彼の死後も、永遠に利八から離れることがなくなった」

巨人軍の本拠地・東京ドームに併設された野球殿堂博物館には利八さんのレリーフがあります。次に水道橋界隈に行く際に、ぜひ立ち寄ってみてください。僕もこの本を書くにあたり、あらためての敬意を示すために足を運びました。

PART

6

ミズノがなければ人生が寂しくなる

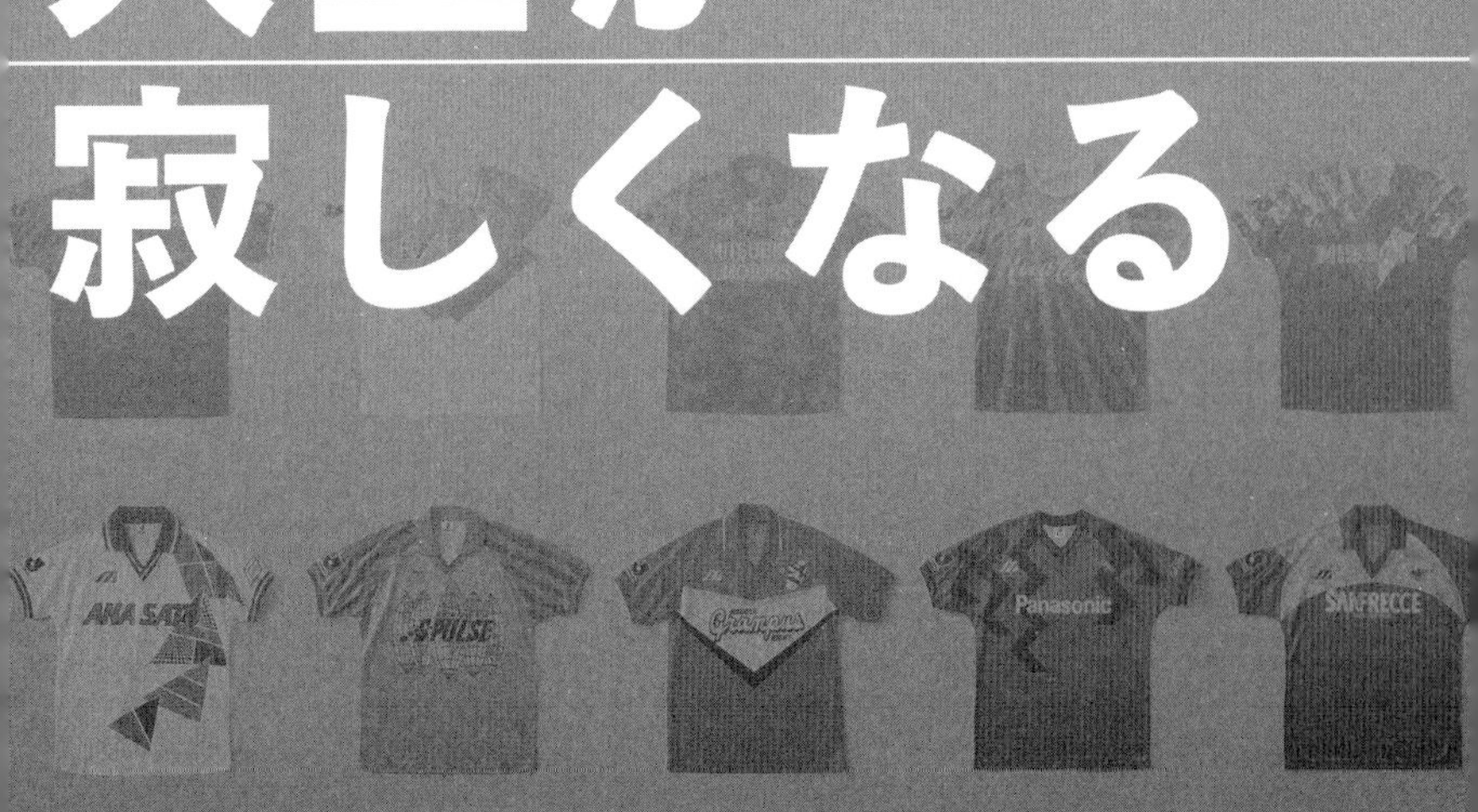

日本人のライフスタイルを彩る世界に向けて誇る

「ライフスタイルブランド」という言葉があります。いえ、決してシャンプーやリンスの話ではありません。

〝ブランド〟よりも上の概念で、人々の人生自体を彩るようなブランドのことを指します。

「そのブランドがなくなったら人生はちょっと寂しくなる」といえる、あなたのライフスタイルに欠かせない存在。それが〝ライフスタイルブランド〟です。

僕にとって、ミズノはペンを執る前から、そういう存在でした。

この章ではサッカーにも触れますが、ミズノがなければ今日のJリーグは日本に定着しなかったかもしれない。そして、日本にプロサッカーリーグがなければ僕の人生は確実に今より味気ないものになっていたはずなので、その点をとってもミズノは僕のライフスタイルを彩っているといえます。ぜひ、ライフスタイルブランドという言葉に当てはめて、あなたの人生をより楽しいものにしているブランドがどのくらいあるか、どんなものがあるか、どこかのタイミングで考えてみてください。

また、世界中で仕事をしている僕が海外にいるときに近年よく感じることがあります。それは急速に日本の存在感が世界で落ちてきていることです。

世界の各都市で目立っていた日本企業の看板も、今では他のアジアの国々のブランドに替わっています。

そんな中、ミズノはがんばっていると思います。スポーツ用品ブランドは他業界に比べてロゴが目立つという特性もありますが、世界の街中やイベントでミズノのマークを見かけることが、よくあります。そして、そんなときは日本人として誇りに思います。

「日本のブランドが世界でがんばっている、世界で愛されている」……これは今の日本人に勇気を与えます。世界を舞台に戦う日本人アスリートの活躍が報じられると、みんなが誇りに思えたり、うれしくなったり、勇気をもらったりするのと同じで、日本のブランドにも今そう感じる人は少なくないと思うのです。

▼サッカーをマイナーからメジャースポーツに押しあげる

今でこそ日本人のライフスタイルの中に組み込まれているサッカー。でも、ほんの数十年前まで、サッカーは紛れもなく、この国においてマイナースポーツでした。

国内にプロリーグは存在せず、メディアが海外サッカーを報じることもなく。世間が今のようにサッカー選手の名前を知っているなんて状況ではありませんでした。

アマチュアリーグしかないから、その当時の日本人がプロフットボーラーになろうとしたら海外に渡らないとダメで、その選手の数もわずか。ドイツでプレイしていた奥寺康彦さんや、若くして海外に渡りプロになる夢を果たした『キャプテン翼』のモデルでミズノと契約していた水島武蔵さん、そして今も昔もプロであるキングカズこと三浦知良選手などがそうです。

サッカー日本代表も、今はアジア予選を勝ち抜き、4年に一度のワールドカップに連続出場することが当然のようになっていますが、その頃は手が届かずに何度も涙をのんできました。

ちなみに、今はサッカー日本代表＝アディダスの独占イメージが定着していますが、その頃はアディダス、プーマ、アシックスの3社が持ちまわりでサプライヤーを務めます。ミズノは蚊帳の外でした。

ミズノとしても何とかして、サッカー界での立ち位置を変えたい思いがあったといいます。でも、この後ミズノが日本のサッカー界へ向けて行ったアクションや提供したアイデアは、サッカーをメジャースポーツに押しあげた大きなきっかけになったと、僕は考えています。

▼Jリーグの全10クラブのユニフォームはミズノ製

ピンときた方もいると思います。そう、これは日本のプロサッカーリーグ〈Jリーグ〉の発足に関することです。

欧州の主要リーグで日本人選手が活躍するようになったのも、日本代表がワールドカップの常連国になったのも、ミズノがひとつのターニングポイントだったといえます。

Jリーグがはじまって約30年。今のキッズたちはJリーグの初期を知りません。ミズノがJリーグのスタートを強く支えてきたこと。覚えておいてほしいし、忘れないでほしいのです。

Jリーグが始まったのは1993年の初夏。まずは、そこから遡ること2年前の1991年

3月に話を戻しましょう。これはサッカーの「プロリーグ設立準備室」が発足した時に当たります。室長は、その後Jリーグの初代チェアマンになる川淵三郎さんです。

プロリーグ設立準備室は、「サッカーのプロリーグを日本に定着させるためには、世間をアッといわせるショーアップされた開幕スタートを準備することが大事だ」と考えていました。

たとえばJリーグの開幕当初、比率的にナイターの試合が多かったのを覚えていますか？あれも選手たちの動きをナイターの光で、よりスピーディに見せるための作戦。サッカーの試合観戦に慣れていない日本人、今ほど高くなかった日本のサッカーのレベルを、何とか視覚的に演出したいと考えた結果でした。

また、この新リーグの記念すべき1シーズン目に参加するのは10のクラブチーム。今でも〝オリジナル10〟と呼ばれて一目置かれているクラブたちですが、もうひとつプロリーグの設立準備室がショーアップ施策として考えていたことは、「この10チームが勝手にユニフォームをつくるのを避けたい」でした。

Jリーグ以前からあったアマチュアリーグからのイメージが強くてもダメ。母体となる企業の色が強くてもダメ。せっかくの新リーグなのに目新しさや、Jリーグが掲げる地域密着が表現できないからです。また、チームカラーが被らないように交通整理する必要もありました。

プロリーグ設立準備室が着地したのは「Jリーグ全10クラブのユニフォームのサプライヤーは1社に取り仕切ってもらうのが望ましい」だったのですが、これを実現できる企業は数少ないです。

ミズノは、もちろんその1社。しかし、即答で「YES、やります」とはならず、ここは難しい判断だったようです。プロジェクトの初期には経済的にも、かなりの負担が予想されましたし、当然すぐにリーグ側も「任せます」となったわけではありません。

しかし、最後は長期的にビジネスを捉え、スポーツと社会の発展を優先に考えるミズノ。1993年〜1996年という大事なリーグ起ちあげ初期の数シーズン、全チームへのユニフォームを供給するサプライヤーという大役を見事に務めあげました。

KAZUやラモスがヴェルディ川崎（当時）の緑のグラデーションのユニフォームや、JALがスポンサーであったがゆえの清水エスパルスの世界地図をモチーフにしたユニフォーム。あれらは全部ミズノの製品であり、デザインでした。僕は今も当時のジェフユナイテッド市原のミズノ製ユニフォームを持っています。

統一感、一体感、カクテル光線に映えるデザイン、アッといわせる驚きの開幕……イメージ戦略を重視していたJリーグの要求に見事に応え、それでいてサッカーファンを急増させた、

秘話いっぱいのＪリーグ“オリジナル10”のミズノ製ユニフォーム

歴史に残るミズノの華麗なる仕事術でした。

プロリーグ設立準備室に対するミズノの窓口だった澤井文彦さんは、当時30歳台の前半。このＪリーグの起ちあげに大きく貢献したことを、「甲子園大会の基礎をつくったように滅私奉公の部分もあり、ミズノらしいビジネスだった」と振り返ります。

写真のように、各クラブのユニフォームは見事に色がばらけています（白黒ですが）。裏話ですが、開幕前に希望を募ると10チームのうち7チームが「青を基調にしたい」といってきたそうです。鹿島アントラーズも、サンフレッチェ広島も、清水エスパルスも、今でこそ順番どおりにいえば赤・紫・オレンジのイメージですが、Ｊリーグとミズノのタッグがなければ、これらクラブを含めた7つのチームカラーが全部ブルーになっていた可能性もあったのです。

またサッカーのユニフォームは「ホーム用」「アウェイ用」、リーグ以外のカップ戦で着る「サードユニフォーム」の3つを毎シーズン使い分けますが、Jリーグの発足時、クラブの認知度を高めるために、なるべく各チームが「ホーム用」で戦えるようにという計算もしていたそうです。そうすることで「メインのユニフォームを着たチームVSメインのユニフォームを着たチーム」の試合数が増え、クラブの色を強く地域に印象づけることができるからです。

そこでJリーグとミズノで協議した上で「ホーム／アウェイ」とユニフォームを呼ばず「ファーストユニフォーム」「セカンドユニフォーム」という名で呼ぶようにしました。

ちなみに、Jリーグのリーグ戦は全クラブがミズノ製でプレイしましたが、カップ戦の試合では初年度からミズノ以外のブランドでもOKとなっていたことをつけ加えておきます。

▼ミズノ1社提供の人気テレビ番組でJリーグを応援

世界が行方を見守ったJリーグの最初の数シーズン。Jリーグ側が日本初のサッカープロリーグの成功に向け、大事なパートナーとしてミズノを選んだ裏には、その当時の若い世代に絶大な人気があったテレビ番組の存在がありました。

とんねるずの番組で恋愛バラエティ、土曜日の23時に放送されていた『ねるとん紅鯨団（フジテレビ系列・関西テレビ制作）』が、その番組です。集団お見合いパーティを面白おかしく見せていたプログラムで、潜在サッカーファンの年齢層にはぴったりでした。

ミズノはプロリーグ設立準備室に、Ｊリーグの初年度開幕の1年前から、この番組のCM枠でＪリーグが始まることを若者たちに伝えるティーザー広告的なコマーシャルを打ち続ける申し出をしました。

これは伝説的なテレビコマーシャルとして、今も語り継がれています。「はやくはじまれ、Ｊリーグ。」のコピーで、最後には「ミズノが、Ｊリーグを応援します。」と。サッカー経験者で、今もこよなくサッカーを愛する木梨憲武さん、そして木梨さんと同じ帝京高校で野球部だった石橋貴明さんという、スポーツ出身タレントの出演も共感を生んだのかもしれません。バージョンはいくつもあるのですが、必ず「'93・5 キックオフ。」と入っていたことも印象的でした。

ちなみに、ゴルフ番組なども含めて、テレビの世界でミズノがスポンサーをしていたものも当時は少なくありませんでした。熱くなるようなものから、感動的なものまで、幅広いテレビコマーシャルをつくっていました。

▼世界の「10番」や「1番」に履かれているミズノのシューズ

足で行うスポーツであるサッカーは、テレビ放送でもシューズに光る各メーカーのラインが目立ちますし、その全世界での競技人口や日常的にサッカーを観る人の数は半端ではなく、選手にミズノのスパイクが履かれることによる影響力は絶大です。

アディダス・ナイキ・プーマが強く、そしてアシックスも愛用者が多いです。

ミズノといえば、もちろん日本人選手の間では愛用者が極めて多いです。でも、世界の選手の間では少数派……。

現在、ミズノを履いてイタリアでプレイする吉田麻也選手（日本代表キャプテン）も、ミズノは日本では有名なブランドなのに、欧州で履いている選手が少なくて悔しいという趣旨の発言をしているウェブサイトを見たことがあります。

でも、その分「とんでもなくすごいフットボーラーたちに履かれている」というのが僕の印象です。

サッカーの世界では背番号10番がチームの中心的存在のプレイヤーですが、クラブチームだけではなく、強豪と呼ばれる国の代表チームの10番たちに愛されているというところが鳥肌ものです。

たとえば、僕が大好きなパブロ・アイマール（アルゼンチン代表・10番）はミズノでした。イタリア代表なんて歴代でジャンフランコ・ゾラ、チアゴ・モッタの10番選手が愛用しました。渋いところではルーマニア代表の10番だったアドリアン・ムトゥも……。

その中でも特に大物は、これはミズノの大阪本社にもスパイクが飾られていますが、ブラジル代表の10番としてワールドカップを制した英雄・リバウド。

FCバルセロナ在籍時にバロンドール（世界年間最優秀選手）も獲得したリバウドは、もともとミズノのサッカースパイクの名作〈モレリア〉を履いていましたが、その後ミズノと「リバウドのための一足を」と、試行錯誤を経て新モデル〈ウエーブカップ〉を誕生させました。

サッカー大国ブラジルでレジェンド的なリバウドの影響力は大きく、ブラジル人選手およびブラジルの国内リーグでは、ミズノのスパイクを履いてプレイする選手は少なくないなと僕は思います。

そのことをミズノの社員の方と話したことがあるのですが、実際Jリーグの助っ人外国人にもブラジル選手は多いので、そこからのクチコミだったり、帰国の際のお持ち帰りも一因だそうです。

Jリーグから羽ばたき世界のリーグを渡り歩いたブラジル代表・フッキ選手も近年までミズノで、そのシューズのラインをグローバルで有名にしてくれました。

忘れてはいけないのはカレッカ。最も古くからミズノを愛用してくれている元ブラジル代表で、世界的な選手です。ミズノでは毎年6月1日を「モレリアの日」という記念日に定めていますが、それはカレッカが、はじめてモレリアを履いて世界が注目する試合のピッチに立ったから（1986年のこと）。

ミズノのサッカースパイクの歴史はカレッカと共にあったといっても過言ではないと思います。

ブラジルの英雄といえば、日本でも大人気でホンダと共に勝ち続け、F1ドライバーで「音速の貴公子」と呼ばれたアイルトン・セナ。彼も、レーシングシューズはミズノでした。レーシンググローブもそうですね。これらは非売品で、セナのためだけにつくられています。ブラジル人サッカー選手たちがミズノを履いているのを見て、セナも履いてみたくなって連絡があったという噂がミズノ社内には流れています。また一方では、ライバルであったアラン・プロストがミズノを履いていた影響ではという話もあって、どれが本当かは定かではないようです……。

F1の車体番号はワールドチャンピオンが翌シーズンに「1」をつけるので、セナはエースでも「10番」ではなく「1番」ですね。

愛されていたセナの葬儀は国葬で、1994年にサンパウロで行われました。棺に収まったセナの胸元にはミズノのドライビングシューズがあったといいます。当時学生だった僕も、ホンダ本社に花を届けにいったくらいセナが大好きだったのですが、このエピソードを聞いてセナと日本の絆を再び感じました。

アイルトン・セナと共に、その早すぎる死に世界が涙したディエゴ・アルマンド・マラドーナもプーマとがっちりやっていたイメージが強いですが、一時期……これは都市伝説なのですが、ラインを黒に塗りつぶしてミズノを履いていたとかいないとか。でも、僕は実際マラドーナがミズノを履いている写真を見たことがあります。

……と、ここまで書いた後にミズノ社内で行った原稿チェックの際、社員で当時のマラドーナ事情に詳しいモレリア開発者の安井敏恭さんから衝撃発言が！

「88年の夏にナポリの一員としてマラドーナが来日した際にはプーマと契約が切れていたので、

使用交渉と販促でお会いしました。実際にアルゼンチンでモレリアを履いてプレイした彼の試合を観たこともあります」と。

ディエゴとは契約に至らなかったそうですが、マラドーナ3兄弟のうちウーゴ・マラドーナ（日本でもプレイ）も、ラウル・マラドーナも、モレリアを愛用していたので、兄弟揃ってミズノを気に入ってくれていたのかもしれません。

▼明日にでもすぐ見られる、プロがミズノを使用しているところ

身近であり、誇りであり……がテーマの本章。はじめは偉大なサッカー選手たちの話題が続きましたが、今度は家の近所の事例を。

ミズノの商品は〝あらゆるプロ〟に信頼・愛用されていますが、玄関を出たら明日にでも会えるプロのミズノユーザーがいます。それは郵便局の配達員さんたちです。

使用している（と思われる）アイテムは、ミズノ自慢のテクノロジー〈ブレスサーモ〉。マスクのところでも軽く登場しましたが、角度を変えて再度ここに。

プロの配達人である郵便局員さんであっても、やっぱり寒い冬はこたえます。そこでミズノ

の〈ブレスサーモ〉です。

繰り返しますがブレスサーモはミズノが独自開発した生地の名前です。実際は「今日は寒いからブレスサーモを下に着ているよ」という感じで会話の中に登場しますが、それは正確にいうと「ブレスサーモでつくられた下着を着ている」を意味します。

ジャンル的には今どこのアパレルブランドも出している〝あたたか系インナーウェア〟と同じです。普段はアピールが控え目な人が多いミズノ社員も、このブレスサーモの実力に限っては、みんな揃って文字どおり熱く語り始めます。おとなしい山形県民が芋煮のことになると、とつぜん味噌派・醤油派で前のめりになるのに似ています。でも、たしかにジャンルは同じでも段違いだなと、ひとりのユーザーとして僕も思います。

ブレスサーモが他と違うところは、着る人の身体から出ている汗などのわずかな水分を活用して、生地自体が発熱するという科学的な部分。これにより肌のドライさ、清潔さ、そして匂いも快適に保たれます。

実際はインナーウェア以外にも帽子や手袋、トップス・ボトムス・ジャケット、コロナ禍からは冬用のマスクにまで、この魔法の生地が織り込まれているので、商品バリエーションは実に豊富。個人的には本当の下着、いわゆるアンダーウェアを男性にはオススメしたいです。聞

米村でんじろう先生によるブレスサーモのプロモーションビジュアル

けばリレハンメル冬季五輪（1994年）の日本代表のアウターウェアから、ブレスサーモのアパレルは始まっているそうです。

先ほど、「郵便局員の方たちも使っていると思われる」と書いたのですが、それはブレスサーモのインナーウェアが、実際にはユニフォームとして郵便局員全員の方に配布されているわけではないからです。

でも、郵便局の各支店には一時期、来店された方々にこのブレスサーモの実力を体感してもらうための販促用サンプルが置いてあったので（実際に生のブレスサーモ生地に水をつけて発熱を実感できるPOP）、そういったことをきっかけに、郵便局員の中には実際にブレスサーモのインナーを買われた方も多いのではと

〈ブレスサーモ〉の馬服は皮膚が薄いウマたちの間で大人気!?

察します。

北海道の郵便局に勤める僕の友人に聞いたところ、少なくとも彼は自腹で2つのブレスサーモを購入していました。

また、この販促のキットは〈米村でんじろう先生〉を軸に展開していて、そこにもよりサイエンスの香りを感じました。秀逸なブランディングだったと思います。

いずれにせよ、僕にはブレスサーモなしの冬は今では想像できません。その点からもミズノはライフスタイルブランドなのです。

ちなみに、数あるミズノのブレスサーモ商品の中でもディープなインパクトを与えるのが馬の背中を覆う服——馬服と呼ばれるものです。

面積が広いのでお値段は結構するのですが、

馬がミズノのロゴを纏っている姿は実にかっこいい。あたたかいのにクールです。

馬たちみんなそうですが特にサラブレッドは皮膚が薄く、ブレスサーモの性能は馬と働く人たちの現場にうまくはまっているようです。

▼ライフスタイルを彩る身近なミズノアイテム

あたたかい話の次に、涼しげなお話を。

ブレスサーモの反対に、涼しさを感じる生地も当然ミズノはつくっています。気化熱を科学の力で奪い、速乾性が高いので常にサラサラという清涼感ある素材の〈アイスタッチ〉や、汗以外にも衣類と身体の間にある湿気までも吸って乾かす〈ドライベクター〉の他、いくつか蒸し暑い日本の夏に向いた機能素材を扱っています。

それらも涼しい話としてはいいですが、ここで取りあげたいのは雪駄。ミズノでは〈SETTA〉と表記していますが、ミズノは雪駄を現代版にアップデートしています。

奈良県の雪駄メーカーとのコラボで生まれた商品なので、ミズノのロゴとダブルネームで〈大和工房〉と入っています。

従来型との違いは、次の一歩を踏む足が出やすい設計。つま先にかけて反り返ったデザインになっているので、自然と次の足が前に出ます。ランニングシューズのような発想です。

そのつま先にかけた反り返りの形状は〝和の芸術〟と思えるほど美しいのですが、それを実現しているのはミズノの異素材を用いる例のクセ。ここはカーボン繊維強化プラスチックが使われています。

男女関係なく使えるジェンダーレス仕様なのも今風ですが、何よりユニークなのはミズノの社員は部署に関係なく、TPOと常識の範疇で、クールビズの一環としてこのSETTAでの通勤が許されていること。ミズノは、これ以前にも日本古来のわらじからインスパイアされたウォーキングサンダルを2010年にリリースしていますが、これはそのときにできた社内ルールで、一時期ネットニュースや新聞等でも話題になりました。

ブランディングの専門家として、僕は講演会などで「会社のブランド化や広報のためには『ユニークなルールをつくって発表する』が有効」と伝えることが多いのですが、まさにこれも好事例としてネタにしています。

こういったアップデートはランドセルでもミズノは行っています。小学生が使うものなので〈エレメンタリーバッグ〉と呼んでいますが、子どもの背中にミズノらしさが凝縮！　クッ

カーボン技術で反り返った〈SETTA〉は大和工房とのコラボ

新提案〈エレメンタリーバッグ〉と野球グラブの革のランドセル

ション性、ストラップの使い勝手、素材に軽さに、何よりもデザインから感じる次世代の香り――。その一方でいわゆる一般的な見た目のランドセルもやっていますが、そこは野球のミズノです。グラブと同じ革を使い、その耐久性となじみ具合を提案しています。野球好きの親子にぴったりで、これまたミズノの楽しい仕事だなと、ランドセルに自分は一切関係ないものの、いつも店頭で感心。唸っています。

▼インテリアをヘルシーに！　生活の中に溶け込むミズノ

スポーツ以外の分野でも次々とワクワクする話題を提供し、世間に「ほほぉ、そうきたか」といわせているミズノ。

２０１８年にはヘルシーインテリアという新しい概念を発表。８年かけて12億円のビジネスに育てるプランで、またまたメディアを通じてサプライズを起こしてみせました。

以来テレビでの露出なども多いので、「知ってる」「気になってた」という方は多いと思います。たとえば座りながらスクワットができる〈スクワットアーブル〉は、見た目は低めで背もたれのない円形のバースツールですが、一本脚の部分がシリンダーになっています。軽い負荷

ミズノが仕掛けるヘルシーインテリアという新しいジャンル

がかかったスクワットを無理なく正しい姿勢で行うことができるのです。

それ以前にも腹筋を鍛える座イスなどはつくっていたミズノですが、ここからが本気。その証拠に、このプロダクトは家具業界で一目置かれる〈カリモク〉と強力タッグを組んだ形でスクワットが楽にできるチェアをリリース。このヘルシーインテリアという新ジャンルの開拓を開始したのです。

新規事業を起こす上で大事な発想は「新ジャンルを自らつくること」なので、これはブランディングの観点から見ても素晴らしいアイデアです。誰もライバルがいない新ジャンルでブランドをつくれば、誰だってマネっ子が出てくるまでの間はオンリーワンかつナンバーワンになれます。

ミズノはインテリア業界では後発なものの〝本格的なヘルシーインテリア業界〟という自らつくった、ちょっとだけインテリア業界とは角度が異なるジャンルでは暫定1位。これからが楽しみです。

執筆の時点でミズノのスクワットシリーズのチェア類は、これまでに累計15万台を出荷。すでに計画は前倒しです。

ご想像のとおり、これは運動をしたいけど時間がないという人には〝ながら〟でできるアイテムとしての提案です。

また、そういったアイテムは「機能がよくてもデザインがイマイチ」ということも……。そこをミズノは「片づけなくても空間にマッチ」を重視し、開発を進めています。

他にも、リビングでカウチに座ってテレビを観るときに足を置くはずのオットマンを、気が向いたら逆に足で持ちあげて……という発想のオットマン〈Moignon（モニョン）〉など、ミズノのヘルシーインテリアの商品ラインナップは楽しいものがいっぱい！　そして、その数は増え続けています。

あなたの街にもミズノが運営しているスポーツ施設が

市町村が運営しているプールやジム、利用していますか？　ライフスタイルの中に溶け込むミズノの話題の最後に、知られざるミズノの事業を、またひとつ。

それは公のスポーツ施設や公園を、その地域の行政に代わってミズノが運営と管理をするというお仕事。いわゆる指定管理業務です。

全国1000カ所以上の体育館や運動公園、テニスコートやグラウンドをミズノは管理しているので、あなたも普段からそこでミズノと触れ合っているかもしれません。

どこがミズノ管理なのかの見分け方は、〈ミズノフットサルプラザ潮芦屋〉や〈ミズノテニスプラザ藤沢〉など、名前にミズノがついているかどうかであるのはもちろん、施設内にミズノのロゴを見つけたり、施設内のショップにミズノ商品がたくさん並んでいたりすると、それはミズノ管理の施設である可能性が高いです。また何よりミズノと関わりが深いアスリートたちが、そこでクリニックやイベントを行うことも多いので、ぜひチャンスを逃さぬよう、お近くのミズノ管理のスポーツ施設を、ミズノ社のウェブサイトで検索してみてください。本書の巻末にも、その案内とQRコードを載せています。

そんな施設や公園の支配人クラスはミズノ社員が務めているケースも多いそうで、近年は各施設のスタッフとアイデアを出し合い、どんどん独自の進化や、その施設としての新規事業も行っています。今ホットなこの部門は、ミズノのまちづくりともいえます。

こういった事業は他スポーツ用品ブランドには、ほとんど見受けられません。では、なぜミズノには、それができるのか？　総合スポーツブランドであることと、第3章にもあったようにミズノにはゼネコンとしてスポーツ施設そのものを企画・設計・施工してきた経験があること。大別すると、それが大きな理由です。

最先端を行っているなと思うのは、東京にある〈ミズノスポーツプラザ千住〉に新世代スポーツ〈ＨＡＤＯ〉を導入したこと。ＡＲ（拡張現実）技術を駆使した〈ＨＡＤＯ〉はプレイ姿もクールで、今後ブレイク間違いなしの未来系スポーツです。

PART

7

競技人口にかかわらずスポーツを支える

スポーツにおいて誰ひとり取り残さない

国連が主導する〈ＳＤＧｓ〉。エスディージーズは「持続可能な開発目標」の略ですが、これは要するに「よりよい社会を目指す世界規模の宿題」。「貧困をなくそう」や「気候変動に具体的な対策を」など、17の目標とそれを表現したロゴは全世界に広がっています。２０３０年が期限の取り組みなので、日本でも企業・学校・自治体・プロスポーツチームなどが胸にＳＤＧｓバッジをつけ、17の目標に向かって自分たちができることを模索・実行しています。

ミズノも、そんな1社。全社員にバッジが配布されています。

ＳＤＧｓの17の目標のうち、３つ目の「すべての人に健康と福祉を」、４つ目の「（スポーツを含めた）質の高い教育をみんなに」、11番目の「住み続けられるまちづくりを」と、12番目の「つくる責任つかう責任」などに関しては、ミズノは本業を通じて貢献しています。

また取材を通じて感じたのは女性が楽しそうに仕事をしていること。また社員が自社に対し、「いい会社です。感謝しています」と口々にいうこと。これは5つ目の「ジェンダー平等を実現しよう」や、8つ目の「働きがいも経済成長も」も満たしている証拠。

次々に新素材や新しい価値を生み続けている点では、9番目の目標「産業と技術革新の基盤をつくろう」にも貢献しています。

SDGsの素晴らしいところは、これらの目標達成において、世界中の「誰ひとり取り残さない」と宣言しているところ。

ミズノにも、その精神が根づいています。最後の章ではミズノの過去も今も、みんなに手を差し伸べる姿勢を綴ります。

利八さんは野球を愛していましたが、トップ選手だけを支援したわけではありません。

ボールの値段が高騰して野球ができない人が増えてしまわぬよう、お亡くなりになる直前までボールの価格維持にも全力投球していました。

本書のためのインタビューでは社長を筆頭に何名かの社員から、こんな言葉を聞きました。

「ミズノがやらなきゃ誰がやる?」

▼ミズノがやらなきゃ誰がやる？　ラグビーやカーリングの秘話

少年が夢を語るかの如く、聞く者をワクワクさせる話し方で取材に応えてくださったのは、鳴尾幸治郎さん。鳴尾さんがミズノで担当してきたのは「その他スポーツ」です。

でも、それぞれのスポーツを愛している人や、今日も朝から人生をかけて練習している人からすれば〝その他〟とは何ごとだというはずです。

安心してください。実際はミズノに〝その他〟はありません。すべてのスポーツを気にかけ、おせっかいをし、具体的に歩みを共にします。

そして、不思議なことにそれまで注目されてこなかったスポーツで、日本人選手やチームが大きな結果を残し、誰もが知る人気競技になる、なんてことが、過去にもよく起こっています。

もちろん、それはミズノだけのおかげではないです。でも、ミズノがそのストーリーの一部であることは間違いありません。

たとえば、オリンピックの日本代表チームを支援しているのも、ミズノが圧倒的に多いです。東京大会で行われる33競技のうち、14競技・15団体の日本代表をミズノがサポートしています。

競技数と団体の数が合わないのは、たとえば射撃が1種目カウントでも、その中でライフル射撃・クレー射撃で協会が分かれているためです。

「それぞれ長いお付き合いです。『儲からないからやめさせてください』なんていえない会社なんです」と、鳴尾さんは笑います。

オリンピック以外でいえば、日本が発信源となって世界を熱くした2カ月……あの〈ラグビーワールドカップ2019日本大会〉も、ひとつの好事例。

ミズノは、あまり商売にならないのを承知で、ずっとラグビーを支えてきました。

1991〜1998年の間、世界最強のオールブラックス（ニュージーランド代表）にフットウェアを提供していたことは、あまり知られていません。

南アフリカ共和国の故ネルソン・マンデラ大統領と、南アのラグビー代表チームの白人キャプテンとの絆を描いた名作映画『インビクタス〜負けざる者たち』の舞台となった1995年のワールドカップ（南アフリカ大会）と、その後に続いた1999年のウェールズ大会でも、ミズノはオフィシャルサプライヤーとなりラグビー強国の間で知名度をあげました。

その頃に日本でラグビーワールドカップを観たり注目したりという人は少数派。それでも〝ラグビーを愛する日本の人たち〟に届けばいいと、ミズノはラグビーを支え続けました。

カーリングも同様。もぐもぐタイムも含め世間から注目を浴びたり、試合を観る人が増えたのは、ごく最近のことです。でも、そのウェアなどもずっとサポートしてきたのはミズノです。

過去はメダルを量産したものの、近年はメダル0の大会もあり、曇りの日が続いた日本のスピードスケート界。競技人口は非常に少なくビジネスという意味では厳しいのですが、これもミズノが支え続けています。

「日本のスピードスケートの選手たちは締めつけるウェアを嫌っていましたが、ヨーロッパ勢に倣って締めつけるタイプのウェアを導入しました。最初は着てくれなかったのですが、オランダ人コーチと共に説得して、選手が着用するようになってからは記録が伸び、2018年の平昌オリンピックでは大躍進しました」

ここからミズノ社員に共通する「選手に関するこんな話もあるよ！」という前のめり感に拍車がかかり、さらに目を輝かせて鳴尾さんが教えてくださったのは、「実はアメリカンフットボールのジョー・モンタナ（サンフランシスコ49ers）とも契約していました」というお話。

ジョー・モンタナといえばフォーティナイナーズでの現役時代の背番号「16」が永久欠番になっている殿堂入りの選手。伝説のクオーターバックで、「モンタナマジック」といわれる逆転劇を何度もスーパーボウルなどで演出してきた、アメリカ国民がリスペクトする人物です。

そんな彼のシューズがミズノだったなんて、ウィキペディアにも書いてありません（笑）。

でも、一部の熱狂的なアメフトファンは気づいたようで、モンタナの写真と共にネットで「あのモンタナがミズノ？　なんか日本人として嬉しい！」といった旨を記していました。

ちなみに、水野明人社長が観戦するスポーツの中で、いちばん好きなのはアメフト。サンフランシスコでホームゲームを観戦したときにスタジアムストアに立ち寄ったそうですが、「いまだにショップで最も売れているモノがモンタナの写真で、それにばっちりミズノが写ってるんだよ！」と興奮気味に教えてくださいました。

いずれにせよ、僕としては、こんな風に「実は、あのレジェンド的アスリートもミズノを履いていた！」というマニアック情報を、もっともっとみんながネットに上げてくれたらと思います。とても楽しいし、何だかうれしいこと。

「同じくアメフトならデンバーブロンコスのジョン・エルウェイもミズノです。こういった海外スター選手と契約を結んで、アメリカで売りまくった時代がミズノにもあったんです。フローレンス・ジョイナー（陸上）も、そうですね！」

▼ミズノの得意技であるカーボンとパラスポーツの可能性

パラリンピアンたちがメディアに登場する機会が増え、パラスポーツ（障がい者スポーツ全般）の存在は、どんどん身近になっています。

その中でもパラ陸上……、その中でもさらにいえば走り幅跳びや短距離走は、義足の進化と、その進化したアイテムを使いこなす選手、そして選手たちの日々の努力のケミストリーが止まらず、オリンピアンたちの記録を抜く勢いです。

実際、走り幅跳びで右脚膝下を切断した選手が、オリンピック選手たちと同じ大会に普通に出場し、チャンピオンになるということが、すでに2014年に起こっています。

ここまでの章から「カーボンのミズノ」という印象は強く読者のみなさんの頭に残っていると思いますが、その技術はパラスポーツにも向けられています。

ミズノはスポーツ競技用のカーボン製のブレードを開発。2016年にはじめて選手に履いてもらいました。

「ブレード」とはカーボンでできた競技用の義足。「板バネ」とも呼ばれます。そのの名のとおりに見た目は〝板状〟。選手が踏み込む脚の力を反発力に変えるバネの役目を果たします。

それまでパラ陸上の世界で板バネといえば、ドイツとアイスランドのブランドが2強で市場を独占。小柄で体重が軽い日本の陸上選手の多くも、海外製の板バネで競技していました。

ミズノがブレードづくりでタッグを組んだのは、もともと義足や車いすを製造販売していた岐阜の今仙技術研究所。今仙技術研究所は日常に使う義足の取り扱いがメインでしたが、2002年からスポーツ用の義足にも着手。開発から1年後の2008年・北京パラリンピックでは、今仙技術研究所の板バネで山本篤選手が走り幅跳びで銀メダルを獲得した実績を持っています。

この共同開発の中で、はじめにミズノが強みを発揮したのは動作解析。次には陸上スパイクのソールの部分。つまり、義足と地面の接点の部分です。

僕の友人のパラアスリート（車いすマラソン）もそうですが、パラスポーツで活躍する人たちの一部は、自分たちで工夫して競技の用具をつくっています。その友人をそばで見ていて、「これは工作の能力も必要だな」と思うほど、空いている時間は、常に自分の用具を接着剤やペンチを片手につくっていたことを覚えています。

実際、陸上トラックを板バネで走るパラ選手の中にも、市販の陸上スパイクのソール部分を自分でカットし、その厚さをミリ単位で調整しながら、接着剤で板バネの底にくっつけるという作業をする選手もいるそうですが、これではパフォーマンスを十分に発揮できないかもしれません。

そこで今仙技術研究所とミズノの両社は、板バネへの装着に適した陸上スパイクのソールを世に出します。ソールは耐久性に優れ、見た目もクール。従来の海外製に比べて重さがわずか3分の1。市販の接着剤で、誰にでも簡単に装着できるものに仕上げました。

でも、驚くのはまだ早いです。陸上競技経験者はご存知だと思いますが、あの鋭いピンが底についたシューズは、あくまで陸上トラックで履くもの。建物の中にあるロッカールームなどに行く際は、床を傷つけないように、底がフラットな靴に履きかえないといけません。

健常者なら、それは簡単なこと。しかし、ブレードを脚に装着したパラ陸上の選手たちは、装着部分の空気を抜くなど、やることがいっぱい。両者は、ここに着目してフットスパイクカバーというスパイクの底に装着する〝もうひとつのソール〟をつくりました。

これは他ブランドのスパイクを履いているパラ陸上の選手たちにも使ってもらえる優れもの。手を差し伸べているなと感じました。

またミズノの板バネは最上位モデルの〈KATANAΣ（カタナシグマ）〉の他にも〈KA

TANAβ〈カタナベータ〉もリリース。これはトップのパラアスリート以外にも、パラリンピアンの姿に憧れて「自分も同じように板バネで走りたい」という次世代が手にしやすいように願って生まれています。

僕が、さらに「いいね！」と思うのは、板バネの先端に穴を開けたこと。それまであまり着目されてこなかった、パラ陸上選手のブレードの空気抵抗……、これはもしかしてカーボンの強度の問題から技術的にできなかったのかもしれませんが、さすがです。これにより空気抵抗を約31％削減し、結果としてデザインも近未来的になりました。

ピースフルな話し方の中に、熱く燃える使命感が垣間見える宮田美文さん。パラスポーツのお話の最後に、こうつけ加えます。

「会社としてはパラリンピックで、これを履いた選手にメダルを取ってほしいとか、そういうものがあるのは当然と思います。もちろん、その価値も理解できますし、自分もそれに向けて努力をします。でも、私は人間が生きていく上で支えになる、誰かの力になる技術……我々はそれを『POWERED LIFE』というスローガンにして研究開発を進めているのですが、そのことを知ってもらいたいなと思います」

「POWERED LIFE」とはミズノが掲げる仕事の姿勢のひとつ。誰かにとっての「できないこ

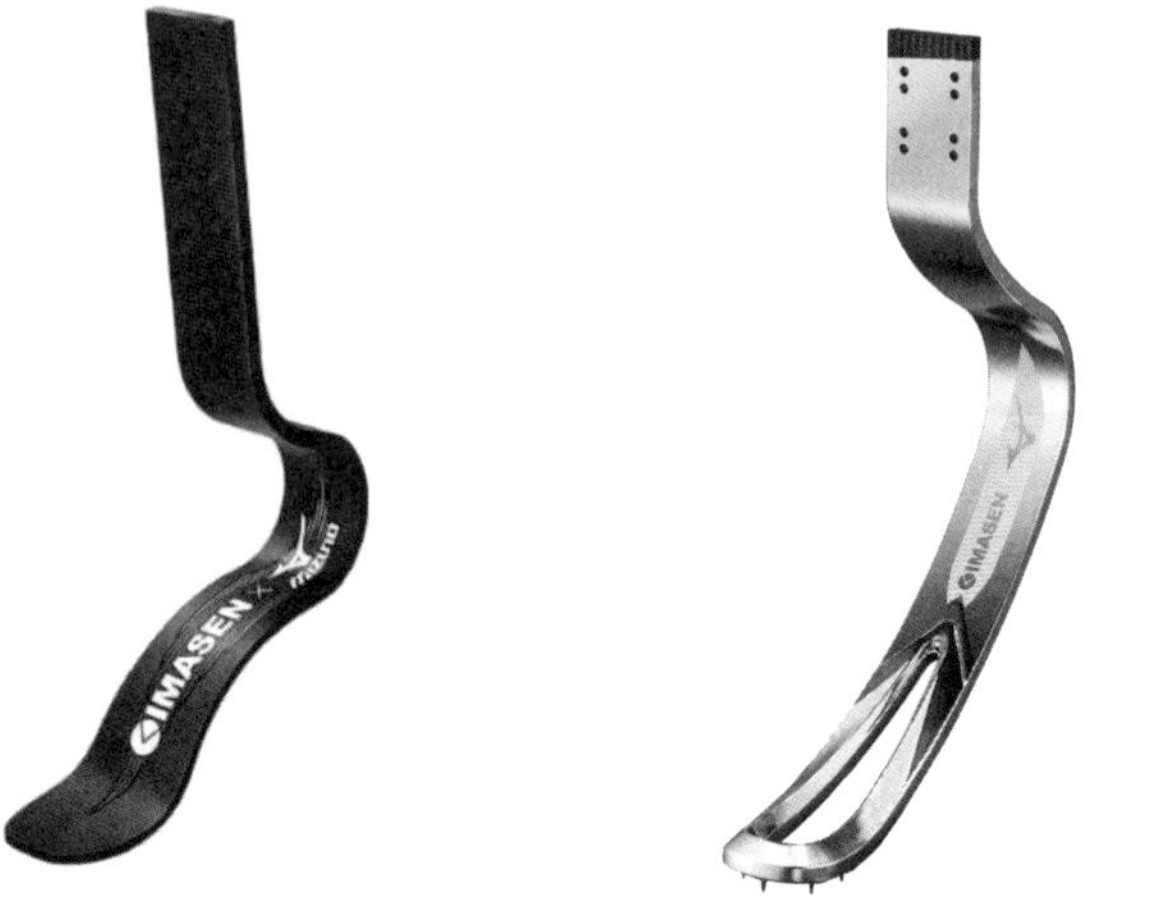

今仙技術研究所＋ミズノの板バネ。左から「KATANAβ（カタナベータ）」、「KATANAΣ（カタナシグマ）」。穴を開け空気抵抗を31％削減

板バネ接地面に貼り付けるソールとフットカバー。選手たちの行動範囲の拡大や時短に貢献

と」を、ミズノの力で「できるように」に変えていこう、という考え方です。

歩みのスピードから信号を渡り切れないご老人がいたとしたら、それをミズノが技術で「渡れるようにできないだろうか?」、何かしらのハンデが身体にある子どもがいたら、ミズノのアイデアで「その力をマックスにできないか?」、日々こんなことを宮田さんと研究開発部門の仲間たちは考え、活動しています。

「誰ひとり取り残さない」は、ずっと前からミズノには根づいていたのです。

▼ミズノらしさに溢れるSDGsアクション

事業自体が社会貢献的であるミズノは、どこを切り取ってもSDGsアクションといえます。

小学校のテスト問題のように、国連が定めるSDGsの17の目標を右側にリストし、ミズノの事業を左側にリストしたら、そのすべてを線で結ぶことができると思います。

「それ以外にも面白いミズノらしい取り組みは?」と問われたら、僕は以下を挙げたいと思います。

まず高校球児のためにリリースした真っ白い野球のスパイク。ますます暑くなる地球の夏に向けた、ミズノの回答がこれです。

それまで日本高等学校野球連盟（高野連）はルールを「高校球児は黒一色のスパイクで」としていましたが、さすがにこれでは熱中症リスクも高まります。

ルール改正後、いち早く高校生に向けて真っ白なスパイクをリリースし、現在そのシェア1位のミズノ。32℃の炎天下でのプレイで検証したところ、黒スパイクに比べ、白スパイクは内部温度が10℃も低い結果になったといいます。

これはSDGｓでいうところの「気候変動に具体的な対策を」につながりますね。

また毛皮やダウンなど、動物への思いやりが世界的に増す中で、「水鳥の羽を使ったバドミントンのシャトルを人工の羽根に」というのも、ミズノらしいです。

天然の羽根でできたシャトルを、人工のモノに置き換えるのは、言葉でいうほど簡単ではなく、ミズノも長年の時間をかけて研究開発を進めてきました。

スマッシュ時のシャトルの飛び方や減速の仕方にようやく近づき、晴れて日本バドミントン協会の大会公式球に。現在は人工羽根バドミントンシャトル〈テックフェザー03〉の商品名で販売されています。

これで水鳥たちの羽根を使わずに済むだけではなく、水の保全にも貢献するといいます。というのも、水鳥の羽根の場合は採取後に洗浄・消毒・脱色と、かなりの水を使わなければいけなかったそう。人工羽根のシャトルは水資源の節約にもなり、また製品としての耐久性も約2倍となりました。

また〝人づくり〟をすることで住み続けられるまちづくりや、質の高い教育をみんなに提供することもやっています。「ミズノプレイリーダー」の育成を通じて、です。

〈あそりーとAFTER SCHOOL〉のところでも記しましたが、あらためて。ミズノプレイリーダーとはミズノが独自に定める資格制度で、スポーツというよりも身体を動かす遊びを地域の子どもたちに指導する人に向けたライセンスです。

広くないスペースでも遊びの環境を整えたり、そこで遊ぶ子どもを見守るという能力を身につけてもらい、そのレベルに対してライセンスを発行します。

子どもに接する機会が多い企業や学校関係者・行政関係者を中心に、今全国で700名超のミズノプレイリーダーが各地で活躍しています。

前述した〈あそりーと〉や〈ヘキサスロン〉の他にも、本書では触れられませんでしたが、ミズノが独自開発した子ども向けのプログラムには〈ミズノ流忍者学校〉や〈運動会必勝塾〉など、名前からして楽しげなものが他にもたくさん存在します。そういったプログラムもミズノプレイリーダーがセットで、その場を盛りあげます。

▼「利益の利より道理の理」でスポーツ文化を根づかせる

いよいよ、この本も終わりが近づいてきました。

利八さんは、スポーツ産業を「聖業」と呼び、その普及と活性化に人生をかけてきました。ビジネス的な目標を掲げながらも、個人的な蓄財をしようとは決して考えなかった人格者であり、スポーツを愛する人を支えることにNOはない人でした。

世界の中で日本は長寿を謳歌できる国です。経済力や、誰もが医療を受けられるシステムがあることも、もちろんその大きな要因です。

でも、こうして振り返ると、スポーツと健康を日本に根づかせたミズノという会社も、僕は長寿国ニッポンを築く上で欠かせなかった、大きなパズルのピースではないかと思います。

体育の授業も充実。誰だって水泳を習いたければ近くにスイミングスクールを見つけられる今日の日本からは想像できませんが、スポーツどころではない国々や子どもたちも、この瞬間も世界に存在します。かつては日本も、そういう国でした。〝スポーツ〟という概念がこの国になかった時代から、それを聖業と呼び、ありったけのパッションを注いできたミズノ。誰だって好きなときに、好きなスポーツを楽しめる国になったのは偶然ではなく、およそ115年前まではスタートアップだったミズノが壮大なミッションを掲げてくれたおかげです。

スポーツ用品メーカーというくくりで売上規模を見れば、世界ではもちろん、国内でもミズノはいちばんではありません。

総合スポーツブランドではありますが、そのシェアも競技によってまちまち。必ずしも全部でトップクラスではありません。

めちゃくちゃに大きいわけでも、ものすごく強いわけでもないけれど、ミズノは愛されている会社だと思います。

いや、僕はもっともっと愛されてもいいんじゃないかなと思っています。

そして、この想いこそ、僕が本書を手がけたいと思った源でした。

本書の誕生は実にたくさんの方々の惜しみない協力、この僕の想いへの共感があって実現しています。その筆頭は社長をはじめ、ミズノ社員のみなさまです。本当に心から感謝しています。おひとりおひとりがミズノという会社を愛していること、その仕事を愛していることが、よく伝わってきました。ありがとうございました。

利八さんの言葉の数々はミズノのDNA、それは今日も社内では交わされています。

そのひとつにあるのが「利益の利より道理の理」。

ミズノは、このフレーズを中心に円陣を組んだ、ひとつのスポーツチームなんだと思います。

そして、読者のみなさまへも伝えます。ここまでお付き合い本当にありがとうございました。

限りあるページ数の中、詳しく書くことができなかった部分、取り上げられなかったスポーツ、名前を挙げられなかったアスリート、出てこなかったミズノの技術もあるので、それにヤキモキされた方もいらっしゃると思います。でも、ひとつでも「知らなかった」や「もっと詳しく調べてみよう」と思うようなことが、この本の中に見つかったことを願っています。

この本がひとつのきっかけとなって、会社としてのミズノを今後もフォローし、その成長や世界での戦いぶりを見守ってくださる方がひとりでも増えたら、それほどうれしいことはありません。

▼毎日が「REACH BEYOND」——その先のミズノ

企業ロゴの前後左右に入っていることが多いスローガン——ブランドスローガンとか、コーポレートメッセージとか、タグラインと呼ばれるのですが、これが中長期計画などに合わせて一定の周期で変わることは、ブランド戦略の世界では普通のことです。

ミズノのロゴには「明日は、きっと、できる。」というスローガンがついていたのですが、それは２０１８年11月から「REACH BEYOND」に刷新されました。

アスリートが自分を超えていく姿、製品の進化、さらなるグローバル化……、このフレーズにはミズノのあれこれを見事に重ね合わせることができます。

「その先に向かっていこう」というこの言葉には、スポーツで培った経験とノウハウをワークウェアやインテリアなどの非スポーツの分野にも活かす、ミズノの企業としてのこれからの在り方も照らし合わされていることもうかがえます。

一方、ミズノの経営理念は「より良いスポーツ品とスポーツの振興を通じて社会に貢献する」です。これは終わりなき旅であり、日本にスポーツ文化が根づいたからといって変わる理念ではありません。

この本の最後に〈公益財団法人ミズノスポーツ振興財団〉のことを書きたいと思います。

名前からも連想できますが、この財団はスポーツの世界の発展に、さらに貢献していこうと起ちあがったもの。でも、実はこの財団は２０２１年3月31日現在で、ミズノ社の株式の17％

以上を保有する筆頭株主という一面があります。ミズノ社の筆頭株主ですから、ミズノが利益を出せば、株主としてミズノから配当金を得ることができます。その額、直近のものでいえば約1億7000万円（税引後）。この巨額な収益を得た財団は、それをどうするか？ そのままマルっと、さらなるスポーツの普及・発展・選手の強化へと寄付します。

寄付は、国体や国内で開催される各競技の世界選手権、各競技団体、国際オリンピック委員会（IOC）や日本オリンピック委員会（JOC）に対して行われています。またトップアスリートのみならず、ジュニアからシニアまで、ちょっと身体を動かすといった類のスポーツにも、この財団の寄付は活かされています。

興味深いのは、この財団が2つのスポーツに関するユニークな賞も主催していること。

ひとつは〈ミズノスポーツメントール賞〉で、これは選手ではなく、スポーツを指導する人たちにアワードを贈るというもの。たしかにスポーツの発展のためには、指導者の育成も同時進行。陰で支える人に光をという、ミズノらしい発想です。

もうひとつは〈ミズノスポーツライター賞〉。スポーツと世間の距離を近くする、次世代にとってアスリートを憧れの存在にする、功績を後世に残す……といった役目を果たすスポーツライターも、また偉大です。そして、その活躍が表彰されれば、それはきっと大きな励みに。

これもまたスポーツを総合的に考える、ミズノらしい取り組みだと思います。

水野利八氏・水野健次郎氏……両氏の身体はこの世になくても、掲げた理念と、その社会貢献的なスピリットは、財団の活動に代わって、今日も生き続けています。

ミズノスポーツ振興財団は、ひとつの大きな〝仕組み〟ともいえます。これはミズノという会社が存続し、利益を出し続けている限り、その利益は日本のスポーツ界に還元されるシステムであり、発明なのです。

プロローグにも書きましたが、この本は僕からミズノへの感謝のしるしでもあります。

僕自身、思えば幼少期から「スポーツによって育てられた」と強く感じます。

今も現役でスポーツを続け、仕事でもずっとスポーツに関わり……、「社会人として大切なことは、すべてスポーツから学んだ」といっても過言ではないと思います。

毎日スポーツが楽しめる日本の社会をつくってくれたミズノに、あらためて心からの敬意と感謝を。

この書籍の印税を、僕も日本のスポーツのために寄付します。

I LOVE SPORTS!

エピローグ1

古賀稔彦さんとミズノが残したもの
――正々堂々闘う柔道衣

この本のプロジェクトの終盤戦に飛び込んできた、古賀稔彦さんがお亡くなりになったというニュース。小柄な身体で常に一本を取りに行く闘い方、バルセロナオリンピック直前のケガにも負けず金メダルを取った強い気持ちに、世界中が勇気をもらい続けましたが、がんのため53歳という若さでこの世を去りました。

命続く限り、きっと誰よりも次世代に多くのものを残していくことができただろうお人柄と想いの持ち主だっただけに、残念過ぎるニュースでした。日本にとって、とてつもなく大きな損失です。

古賀先生が現役を引退され〈古賀塾〉を起ちあげるタイミングで、ミズノに「より子どもにあった柔道衣を開発してほしい」という要望がありました。

根底にあったコンセプトは「正々堂々闘う柔道衣」。

当時の柔道衣といえば、勝つことを重視するあまり違反柔道衣がはびこっていたのです。「柔道衣をわざと小さくつくり、相手にもたせない」「えりをわざと太く厚くして持ちにくくする」などが、その一例です。

また子どもの柔道衣といえば、大人用とはまったくの別物で、「大人用の柔道衣のサイズダウンと一重織りにしただけ」という、どこにも次世代への愛を感じられないものばかりでした。もともと、現役時代から太い関係でミズノとやってきた古賀先生。もちろんミズノは違反柔道衣なんてつくっていなかったので、ずっと〝正しさ〟で2者はつながっていたのだと思います。

開発が始まると、古賀先生はその正しさにプラスして、楽しいアイデアを次々と盛っていったといいます。

子どもの体型はタテのみならずヨコにも様々、別注しなくても済むようにサイズ展開できないか？　幼い子どもたちでも帯がうまく結べるようにできないか？　子どもの柔道衣にも日本代表みたいな格好よさを出せないか？　握力がなくても技を組めるようにできないか？

こうして古賀先生のこだわりがカタチとなったのが、ミズノのキッズ向け柔道衣シリーズの

三四郎

〈三四郎〉。
　書家のように達筆だった柔道家・古賀先生の直筆でロゴもできています。
　キッズ用ですが、中でもさらに小さいサイズのものには、あらかじめ腰のうしろに帯が縫いつけてあり、結びやすいようになっています。クオリティに対して安価なのも、古賀先生が子どもの成長と買い替えを考えてのこと。〈平成の三四郎〉が次世代のために残した偉大な仕事を、ミズノ本を書くにあたって絶対に残さないといけないと思い、ここに記しました。

R.I.P.

エピローグ2

社長が語る——執筆を終えて

▼2020年のミズノと2020年からのミズノ

執筆を終え、水野明人社長とオンラインで再びお話しをしました。102ページにある対談はコロナの前。大阪の本社で直接お会いしてのことだったのですが、あれから世界は一変してしまいました。

でも、コロナで世の中が止まってからのミズノって、それに逆らうかのようにスピードがあがり、各方面でポジティブな話題を連発していました。そのあたりをお聞きしないと、この本は終われないなと思い、少しだけここで延長戦です。

予定時間よりも早くオンラインに現れた水野社長。社内リモートワークソフトの使いこなしも慣れたもので、頭につけたヘッドセットが若々しさを演出しています。ミズノのポロシャツで、画面のデジタル背景はトロピカルな雰囲気です。

「社員には『出社率を10％にせい』と伝えたのですが、実際のところは5％くらい。以前から社員のPCにリモートワークソフトは入っていましたけど、あまり使っていなかった。でも、こういう状況になって使ってみると、『こりゃイケるな』と（笑）」

リモートワークが一気に進んだというミズノで、社長自身は週2～3回の出社。社員食堂も閉まっていたから、明人社長も奥さまのお弁当持参だったそうです。

「でも、卵焼きだけは私がつくるんです。めちゃくちゃうまくなりましたよ！」

▼ミズノのマスクを通じて「実に勉強させていただいた」

街を歩けば、必ずしている人が見つかるミズノのマスク。これだけ一気に全国へ広がったミズノプロダクトは過去になかったかもしれませんが、そもそも発売の予定もなかったのです。それは社長の社員に対する気づかいから始まっています。まだコロナ初期でマスクが手に入りにくかった頃、そういえば廃棄処分する水着の生地がうちにあったと思った明人社長。「試しに2千枚を社員のために」と指示を出します。

配ってみると社員の反応は、すこぶるいい！　じゃあ売ってみる？

……と、このあとのストーリーは、すでに世間でよく知られているところ。初期ロット2万枚はネットだけで即完売。次の5万枚はネットに専用販売サイトをつくるも、ミズノ史上初のサーバーダウン。お叱りもいっぱいきたので、各部署から社員を緊急招集し、マスク特化型のスペシャル部隊や電話応対で、これまで経験したことのないことが凝縮された数カ月を過ごしたそう。

ひと段落した今、〝ミズノとマスク〟を社長自らが振り返って考えると、それは「本当にいい勉強をさせていただいた時間だった」と。

本書では生活用品をつくっていたミズノも紹介してきましたが、僕はまたまわりまわってマスクづくりで「生活必需品のミズノ」を世に印象づけた1年であったとも思っています。

「250万人のユニークユーザーの方々がアクセスし、マスクを通じてミズノに接してくださった期間でもありました。その中にはスポーツを普段やらない方もいらっしゃるはず。本当にありがたいことです」

何よりも印象的だったのはマスクの開発スピードと、その商品クオリティのバランス。世間がマスクを必要としているところへリーチした今回の速さです。

「これまでなら商品開発の際はテストにテストを重ね、時間をかけて絶対に間違いがないように商品をリリースしますが、今回は最低限のクオリティを保ちながらスピードも重視。こういったプロセスを経験したことも勉強でした」

この経験値が今後ますますミズノを加速させるな……と予感させる声のトーンでお話ししてくださいました。

▼垣根を取っ払って、開発のスピードをあげていく

スピード感の話から変わり、話題は大阪本社のとなりで建設がはじまった、ミズノの新しい開発拠点について。

そもそも部門間の風通しのよさが「異素材を組み合わせることが得意なミズノ」につながっているのではないかと思っている僕が、その話をしたことがきっかけで膨らんだトピックです。

「風通しを褒めていただくのはうれしいですが、まだまだセクショナリズムは社内に残ってい

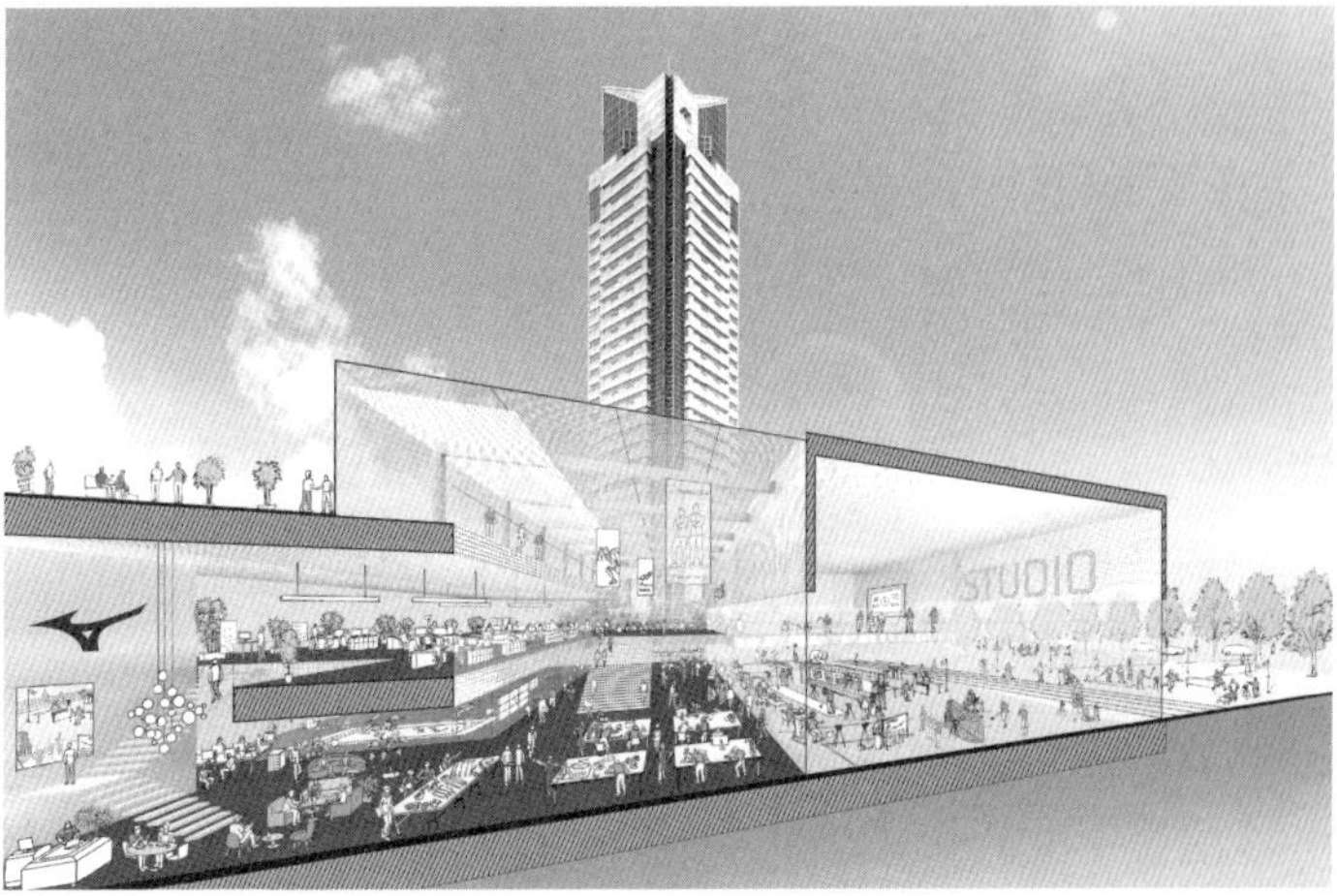

本社隣に2022年に竣工する新研究開発拠点（完成予想図）。さらなる加速が始まる!?

ると思っています。もっともっと横のつながりや、部門間のコミュニケーションの活性化をしていかないと」

　これだけの研究開発を過去にやってきたミズノですが、リサーチ&デベロップメントに特化した拠点はありませんでした。

　それをこのタイミングで建設するとは恐ろしい。散々この本では「ミズノはゆっくり長く取り組む会社だ」といってきましたが、どう見てもギアは1~2段あがりそうです。

「ひとりの頭から生まれる商品や技術もあると思うけど、話し合いがあってもいい。開発スタッフだけではなく、そこには営業も入って……。間接部門がここにフラッと立ち寄ったりするのもいい。そんな時間あるんかわからんけど（笑）」

素材の研究や検証、商品・サービスのローンチをよりスピーディに進めることだけではありません。社長はこの新拠点で、さらに部署横断型のプロジェクトが起こること、ブレストを通じてさらにクリエイティブな発想が生まれることを望んでいるようです。

さらにクリアにミズノの未来が見えてきました。

▼大阪人の94年分の想い出が詰まったビルに別れ

新しい建物が建設中ならば、そこには古いビルの解体もあり……。コロナ禍における日本でミズノが話題に挙がった理由のひとつに、大阪のオフィス街・淀屋橋にあったビル（ミズノ淀屋橋店・1992年まで本社ビル）の解体があります。

発表後、僕はネット上で信じられないほど多くの大阪に住む方々の惜しむ声を見ました。そのレトロな雰囲気やエレベーターのこと、建物内にあったレストランで、家族で外食をしたことなど、それぞれが素敵な想い出をシェアしていました。

1927年当時のミズノ淀屋橋店（左）と2021年現在のミズノ淀屋橋店（右、2021年6月末閉店）

1927年の完成時、大阪では7番目に高い〝高層ビル〟で、そのエレベーターは大阪ナンバーワンのスピード。レストランの名物はライスカレーでした。

スタートアップだったミズノが、いかに成長してきたかの証でもあると思いますが、このビルには当時の日本の最先端と美しさが、すべて詰め込まれていたのです。

明人社長に、あらためてビルがもうすぐなくなってしまうことへの想いを聞いてみると、「前回の対談のときも話したかもしれないけど、祖父（利八さん）の誕生日にそこで食事するのが水野家の決まりで、ナイフとフォークで洋食を食べた年に一度の場所……という感じかなぁ」と、想い出があり過ぎて語り尽くせないのか、それとも本当にないのか……、いずれにせよここは再開発後にミズノの直営店が再びできる予定なのですが、もう目はその未来に向いているような語り口調でした。

古い建物が好きな僕としては寂しい限りですが、このビルは1955年の映画『ゴジラの逆襲（東宝）』の中で、ゴジラとアンギラスが淀屋橋に出現した際に破壊されているから、なくなるのははじめてではないですしね……。

「あっ、でも中学2年か3年のとき、祖父に手伝えといわれて、そのビルで冬のバイト的にスキーを売っていたな。ヒッコリーパックがものすごく売れているときで、何の商品知識もないのにお店に立たされて……（笑）」

▼コロナを経てわかった「やっぱりスポーツは必要だ」

コロナを経て経営者として考えが変わったところはありますかという問いに、社長は最後にこう教えてくれました。

「それまでスポーツって空気みたいな存在で、そこにあって当たり前のモノだったと思います」

でも、コロナで世の中のすべてが止まったあとは、しばらく暗いニュースばかり。スポーツもお預けでした。

ようやく無観客ながらもスポーツの試合が再開されるも、やっぱりニュース番組は暗い話題から始まり、またそれが大半を占めていました。

「でもね、その暗いニュースのあとスポーツの話題に切り替わる際に、キャスターの方の声が『次はスポーツです！』って明るくなるんですよね。やっぱりスポーツには力があるんだ、不要不急ではないんだ、そう思いました」

やっぱりスポーツは必要だ！

「そして、やっぱり地球の環境です。どんなに成長戦略を描いても、地球が住めない場所になってしまったら、なんの意味もないです。持続可能じゃなければ、何の意味もない。サステナブルであること、これにももっともっとパワーをかけていきますよ」

選手からミズノ社員への感謝の言葉

ミズノのスタッフのみなさまには、いつもウェアをご提供いただき、感謝の気持ちでいっぱいです。

動きやすさや機能性を最優先に考えていただいているおかげで、ウェアへ着替えるたびに心も引き締まり、日々の練習に臨むことができています。

これからも素敵なウェアを楽しみにしていますと同時に、読者のみなさまにもミズノブランドのクオリティを期待していただければと思います。

宇野昌磨

エピローグ39

これまでも、これからも、「ブレない」ミズノと歩んでいく

ちょっと前までミズノが掲げていた、『明日は、きっと、できる。』というスローガンとは裏腹に、なかなか完成しなかった本書。構想でいえば、およそ10年前から。プロジェクトチームを組んでからも、約2年の歳月を経て、ここに誕生しました。

ここまで読んでくださって、本当にありがとうございました。

読者のおひとりおひとりに、心から感謝します。

この本が触れてきたミズノの歩みや仕事術に、読者の方がひとつでもインスパイアされることがあったら、それほどうれしいことはありません。

僕が大好きなミズノという会社を、ひとりでも多くの方が同じように愛してくださるきっか

けに本書がなったら、それ以上の幸せはありません。

リリースにあたり、実にたくさんの方々のご協力がありました。もっといえば、創業から今日までミズノを支えた多くの社員とアスリートたちの苦楽やドラマがあって、はじめて成り立つ本でもあります。

その歴史と志に、あらためて大きな敬意を表し、このペンを置きたいと思います。

お忙しい中、対談や取材に長時間応じてくださった、水野明人社長。

楽しいスポーツ&ビジネス談議を、本当にありがとうございました!

同じく貴重なお仕事の時間を割いて、数々のアツいお話を聞かせてくださった、ミズノの社員・元社員のみなさまにも、大きな感謝をお伝えしたいです。あいうえお順で大変恐縮ですが、ここにお名前を挙げさせてください。

相澤克幸さん、泉家秀紀さん、伊藤友男さん、植田典子さん、岡本健さん、マーク・カイウェイさん、香山信哉さん、川久保浩之さん、久保田憲史さん、澤井文彦さん、澤本啓太さん、柴田拓男さん、土肥弘一さん、中前欣也さん、鍋谷優さん、鳴尾幸治郎さん、名和民夫さん、日高昇さん、弘中進さん、古谷幸平さん、宮田美文さん、宮本翠さん、森井征五さん、安井敏恭さん、安田雅宏さん、吉川真由さん、吉野友佳子さん、渡邉孝博さん……へ、心からの「ありがとうございました！」を。

また僕がミズノと関わる最初の仕事となった、第1章にも登場する〈SOZO塾〉メンバーにもメッセージを贈りたいです。北野喜久さん、長年のフレンドシップと数々の楽しい想い出に感謝しています。ずっと話していた書籍が、ようやくカタチとなりました。僕はふたりで書いた本だと思っています。また上原裕之さん、小森谷明子さん、古川玲子さん、篠塚まりさん……、すでに退社されていますが藤原一俊さんと原幸彦さんにも、あらためての感謝を、ここに。

そして、最後にミズノ広報担当の木水啓之さんへ。どれだけの時間を一緒に過ごしたことでしょう。きっと見えないところでも、たくさん動き、戦い、探し、コーディネイトしてくださったのだと思います。その絶対に〝ええもん〟をつくるんだという強いパッションに、プロジェクトのみなが心揺さぶられました。本当にお世話になりました。言葉ではいい尽くせない感謝をお伝えしたいです。ありがとうございました！

またワニブックスチーム……、本当にお疲れさまでした。たくさんの僕の「ああしたい、こうしたい！」に、すべて応えてくださった編集担当の大井隆義さん、ライティングのサポートをしてくださった菅野徹さん、営業の櫻井釈仁さん、またデザインや編集などに全力投球してくださった森田直さん、佐藤桜弥子さん、金丸信丈さん、竹崎真弓さん、関根孝美さん……、本当にありがとうございました！

ブックエージェントの糸井浩さん、見開きページのデザインやイラストを担当した遠藤大輔さん、今回もご一緒できて光栄でした。いつもありがとうございます！

そして、秘書・原三由紀にとっても、今回のプロジェクトの負担はいつにも増して大きいものがあったはず。その偉大な仕事とラスト10％のツメに、心からの感謝とリスペクトを！　またひとつここに喜びを分かち合える仕事を残せたこと、とてもうれしく、誇りに思います。いつも本当にありがとう。たくさんの方々に喜んでもらえるといいね！

ふり返れば、僕がスポーツやスポーツ用品に対して幼い頃から興味と情熱を持ち続けているのは両親のおかげです。小学生の頃から大好きなスポーツに取り組むことを、いつも全力で応援してくれていましたし、家族で出かける先が、結構な頻度でスポーツ用品店だったことも、昨日のことのように鮮明に覚えています。でも、その経験が、実はこの本につながっていると思うのです。スポーツ好きに育ててくれたことを、とても感謝しています。ありがとう。

書き終えて、あらためてミズノという会社に思うこと。それは「ブレない会社」であるということ。

ちなみに、「いつもブレがないですね」という言葉は、現代社会において最高の褒めコトバ。ある心理学の研究では、「かっこいいですね」「かわいいですね」といわれるよりも、今の世ではいわれてうれしい言葉なのだそうです。そのくらい個人・法人問わず、誰もがブレやすい、情報過多でスピーディな時代を我々は生きているということですね。

そして、「ブレない」で思い出しました。今回ページ数の関係でご紹介できなかったテクノロジーの中に、〈ミズノウエーブ〉というものがあります。

〈ミズノウエーブ〉は波形の樹脂製プレートで、もともとはランニングシューズのソールに搭載され、クッション性の向上と同時に、「地面に着地した足がブレないようにすること」を目的に開発された、画期的かつロングセラーな技術です。

ランニングシューズ以外にも、サッカーや野球のスパイクも含めあらゆるミズノのシューズに埋め込まれています。20年以上前に開発され、本当に広く使われているテクノロジーなので、ミズノのシューズをお持ちなら、そのミッドソールに搭載されている確率はかなり高いです。

このようにミズノは、とても1冊の本ではカバーしきれないほど奥深く、まだまだお話ししたいことが山ほどあります。

そして、次の100年に向けてもミズノはずっとブレることなく、愚直なまでにスポーツの発展に貢献し、独特の発想でユニークな技術を生み出し続けていくのだと思います。

日本にミズノがあってよかった。
その存在に感謝です。

負けずに、僕も走りたくなってきました。

東京ドームのカフェにて

村尾隆介

参考文献

書籍

『スポーツは陸から海から大空へ　水野利八物語』編集委員会編　代表・大西梅夫　ベースボール・マガジン社　1974年
『全人間への旅』水野健次郎著　日本経済新聞社　1990年
『アディダスVSプーマ―もうひとつの代理戦争』バーバラ・スミット著　宮本俊夫訳　ランダムハウス講談社　2006年

WEB

https://qoly.jp/2019/11/12/players-who-wear-mizuno-boots-iks-1
中島にマラドーナも！ミズノを履いた世界の「代表10番たち」

https://paraspoplus.com/sports/6188/
日本が誇る世界初の新型スポーツ用義足。パラアスリートと世界に挑む

https://tmbi-joho.com/2019/05/10/mlb-glove-rank/
MLBの野球グローブメーカーランキング 内外野・キャッチャーミット別&着用有名選手

https://baseball-museum.or.jp/exhibitions/history/
日本の野球の歴史

https://www.soccer-king.jp/news/youthstudent/football-kit/20180828/799353.html
「僕はそれが悔しくて」…吉田麻也が感じた屈辱と“ジャパンブランド”にこだわる理由

https://ja.wikipedia.org/wiki/%E3%83%AB%E3%83%BC%E3%83%BB%E3%82%B2%E3%83%BC%E3%83%AA%E3%83%83%E3%82%B0
ルー・ゲーリッグ

https://ja.wikipedia.org/wiki/%E3%82%B8%E3%83%A7%E3%83%BC%E3%83%BB%E3%83%A2%E3%83%B3%E3%82%BF%E3%83%8A
ジョー・モンタナ

https://ja.wikipedia.org/wiki/%E3%82%A2%E3%82%A4%E3%83%AB%E3%83%88%E3%83%B3%E3%83%BB%E3%82%BB%E3%83%8A
アイルトン・セナ

https://somezup.jp/pickup/21420/
アシックス「ゲルカヤノ」シリーズの生みの親が語った開発の舞台裏とは

https://newswitch.jp/p/20017
「G-SHOCK」を作った男の頭の中とアイデア発想の極意

https://www.itoen.co.jp/news/detail/id=25138
伊藤園 × ミズノ Field Chip「Greentea」

施設数

1112

プールやジムなどのスポーツ施設、
また公園などを管理するミズノ。

2021年4月現在、
その数は1000を超えています。

あなたのお住まいやお勤め先の近くにも、
ミズノが管理する施設があるかもしれません。

Enjoy！

https://sports-service.mizuno.jp/search/

ミズノが管理・運営をするスポーツ施設や公園

自治体 **36** 都府県数

これだけの数の都府県でミズノは指定管理業務を行っています。

119 市区町村

ミズノはこれだけの数の自治体と指定管理業務で関わっています。

●著者プロフィール

村尾隆介（むらお　りゅうすけ）

「中小企業にもブランド戦略」を日本に根づかせた、ブランディングの第一人者。国内外で20冊以上の著書をリリース、今日も講演や企業・自治体のプロジェクトで世界を飛びまわる。代表作に『小さな会社のブランド戦略』（ＰＨＰ研究所）や『安売りしない会社はどこで努力しているか』（大和書房）。ミズノとの関わりは地域のスポーツ用品店の活性化やスポーツを軸とした地域ブランディングなど多岐にわたる。「生涯シリアスアスリート宣言！」をしている大のスポーツ好きで、現在も世界マスターズ陸上等に連続出場中。マラソン大会のレースプロデューサーの顔も持ち、観光文化大使を務める岩手県を中心にヘビーに活動している。元三菱養和S.C.選抜のサッカー少年、元ホンダの中近東担当。常に社会貢献活動に熱心で本書の印税も「育ててくれたスポーツへの恩返しに」と。

●STAFF

装丁	森田 直＋佐藤桜弥子（FROG KING STUDIO）
本文デザイン・DTP	竹崎真弓（ループスプロダクション）／遠藤大輔
編集協力	ミズノ株式会社／菅野 徹／金丸信丈、関根孝美（ループスプロダクション）
校正	東京出版サービスセンター
プロデュース	糸井 浩
編集	大井隆義（ワニブックス）

ミズノ本

世界で愛される“日本的企業”の秘密

著　者　　村尾隆介

2021年８月20日　初版発行

発行者	横内正昭
編集人	内田克弥
発行所	株式会社ワニブックス 〒150-8482 東京都渋谷区恵比寿4-4-9えびす大黒ビル 電話　03-5449-2711（代表） 　　　03-5449-2734（編集部）

ワニブックスHP　https://www.wani.co.jp/
WANI BOOKOUT　https://www.wanibookout.com/
WANI BOOKS　NewsCrunch　https://wanibooks-newscrunch.com/

印刷所	株式会社美松堂
製本所	ナショナル製本

ISBN 978-4-8470-7088-4